「二菜一湯」
幸福餐桌

瑞昇文化

兩菜一湯的建議

菜單的基本 5 要件

1 先決定主菜

在日本的餐桌上，只要先決定好搭配白飯的主菜，就比較容易決定當天的菜單。基本上，主菜都是採用肉類、魚貝類、雞蛋或豆腐等，富含蛋白質的食材。就算根據「市場上已經有當季漁獲」、「今天想吃肉」、「今天想吃清淡一點，就做豆腐吧！」的想法來決定菜單，也沒有關係。有時候，壽司或蒸飯、咖哩飯等也可以當成主菜。

因此，為了讓大家可以在每餐更換不同的主菜、副菜和湯品，讓每天的菜色有更多變化，本書也將一併介紹創意料理。

2 味道的鹹淡最重要

菜單攸關整餐的均衡，所以鹹淡也非常重要。如果每道菜的口味不是太重就是太淡的話，反而不會感受到美味。把調味的重點放在主菜，讓其他料理扮演輔助角色，使主菜更加增色，是調味的最基本做法。可是，有時未必一定就是如此，這就是菜色搭配的微妙之處。請根據大師們的實際範例來逐一學習吧！

希望為家人做頓美味的飯菜──
而「兩菜一湯」就是最符合現代飲食的菜單。
那就是作為主角的「主菜」、以蔬菜為中心的「副菜」、「湯」，還有白飯。
如果是西式，有時也會搭配麵包吧？
再忙碌的人也能簡單料理，又能在達到營養均衡的同時充滿飽足感，
不僅能讓大家吃得開心，還能充滿活力、更加健康。

菜單有基本的規劃方法，
但是，仍要視家庭成員、季節，或是身體狀況或食慾而改變。
本書把希望反覆製作的家常料理列為主菜，
同時請6位大師規劃出菜單。
現在就來學習菜單規劃的用意、周到的食譜、美味製作的訣竅吧！
這些知識肯定能夠豐富你每日的餐桌。

3

營養均衡的考量

透過每日三餐，充分攝取營養是最基本的事情，所以規劃菜單時也要考量到營養的均衡。根據營養的特徵來看，食品可分成四大類。第一是製造肌肉或血液的「肉類、魚貝、豆類、豆製品」等蛋白質。第二是讓身體機能更加順暢的「蔬菜、海藻、菇類、薯類、水果」。第三是使營養更完善的「牛奶、乳製品、雞蛋」。第四是作為活力來源的「穀類、砂糖、油脂、調味料」等。能夠均衡攝取這些營養的菜餚，就是最理想的菜單。如果主菜是肉類料理，副菜或湯就一定要採用蔬菜，份量也要比主菜為魚類料理時多上一倍。如果主菜是魚類料理、雞蛋料理，或是豆腐料理，就要在副菜或湯裡加入一些肉類，更能增加飽足感。

4

重視季節感

當季食材不論是味道或是營養，全都是最優質的，而且價格也相當實惠，所以是最建議採用的食材。另外，在寒冷的冬天搭配暖和身體的鍋類或蒸煮料理；在酷熱的夏季搭配冰涼或清爽的料理，也是實際體會美味的重要關鍵。

　為了讓本書的內容可以在全年中使用，本書索性忽略了季節感的部分，所以只要是相同的青菜，就請採用當季的蔬菜等，隨機應變地使用其他食材來取代。

5

「五味、五色、五法」最理想

菜單中只要涵蓋五味、五色、五法，就可說是達到了味道、營養和配色的均衡。五味是甜、辣、酸、鹹、苦；五色是食材的顏色，也就是紅、青（綠）、黃、白、黑；五法則是煎、煮、炸、蒸、生（若加上炒，則是六法）。雖然「兩菜一湯」很難全面兼具，但最好還是把它放在心上。

規劃「兩菜一湯」的菜單時
大師的話

為了豐富每日的餐桌、家人的健康，
白飯搭配主菜、副菜、湯的「兩菜一湯」，是時下最理想的菜單。
菜單的規劃聽起來似乎很難，
但其實就是考量味道和營養的均衡，在帶入季節感的同時，把料理加以組合。
現在就請大家來看看，在本書親自教導料理的大師們的菜單規劃方法吧！

松本忠子老師
● 日式、西式家庭料理菜單

回頭一看才發覺，為了守護丈夫和3個孩子的健康，我已經持續做菜了50年之久。我想，正因為是平日的飲食，所以才會更加地專注、謹慎，所以應該比任何料理都來得更加美味吧！規劃菜單時，試著把心思放在這上面如何？只要注入希望家人吃到美味料理的心情，就算只是簡單的菜色組合，仍舊可以規劃出豐富的菜單。然後，不管是菜餚或是湯，也要注意多做一些。如果份量剛剛好，就沒有辦法應付希望再來一碗的人，或是突然造訪的客人。如果還有剩菜，隔天也可以再吃，我覺得這就是家庭料理的優點。

濱內千波老師
● 豐富蔬菜的健康西餐菜單

不要去想該如何把菜單的主菜、副菜、湯品做得多麼完美，應該要放輕鬆一點。主菜用心調理，副菜和湯巧妙地偷工減料，讓菜單有主配角之分是非常重要的事情。就拿蔬菜濃湯來說吧！只要願意去做，就一定可以做得好。只要用心去做，自然就能成為菜單的主角。可是，如果是為主角增色的配角，只要把材料混在一起，用鍋子煮熟就好。我覺得這種程度就十分足夠了。料理是每天都要做的事情。正因為如此，所以更不該有壓力，要應該好好享受過程，放膽去做。

野崎洋光老師
● 四季的宴客菜單

「季節感」是日本餐桌上不可或缺的要素，而在我這次所負責的「宴客」主題中，更是重要。在這當中，只要把季節帶入作為菜單重點的主菜，自然就能營造出季節的存在感。夏天製作冷盤、冬天製作溫熱身體的料理，藉著配菜和香料，讓美味最高潮的當季食材演繹出時節。副菜和湯的部分，例如豆腐，可以用春天的櫻花或秋天的楓葉形狀來表現季節，讓沒有季節感的食材產生季節感，也是一種樂趣。站在吃的人的立場去想，想想什麼能令自己開心，那才是真正的賓至如歸。

菱沼孝之老師
● 日式的魚類料理菜單

在日本料理的魚類料理中，都會採用蔬菜來作為配菜。例如，生魚片的配菜、烤魚的盤前裝飾、天婦羅的蘿蔔泥等。而且，只要在副菜和湯裡面，加上不足的蔬菜或蛋白質，就能夠設計出相輔相成且均衡的菜單。不知道該使用什麼食材而迷惘的時候，就先考量季節性或是色彩豔麗的食材、色彩組合較美麗的食材，這是最重要的事情。請透過能讓視覺感到喜悅的組合搭配，享受唯有家庭才有的日式料理。

小林武志老師
● 中華料理菜單

本書所介紹的菜單，不管是哪一道主菜，都有著相當強烈主角風格，不僅華麗，而且份量十足。而誘出那股濃厚味覺的副菜和湯，則要以清淡作為考量，這樣的做法往往會讓副菜和湯顯得略微遜色，不過，還是得保留一些重點，不要讓配角的光芒被過份遮掩。例如，清脆的口感、強烈的香氣，或是蔬菜的水嫩。只要注意到這些部分，就可以讓菜單的協調性更好，充分品嚐到中華料理的魅力。

※ 在中華料理中，湯有補充水分的觀念，湯的份量是每人250～300㎖左右，份量比其他料理更多。請依照個人喜好增減。

高賢哲老師
● 韓國家庭料理菜單

韓國的家庭料理有大量的蔬菜。只要搭配胡蘿蔔、薑、辣椒、芝麻油等食材，就可以挑起食慾，而且還能給人帶來活力。韓國將調味稱為藥念，意思就是一邊祈求吃的人身體健康，一邊製作料理的意思。規劃菜單的時候，也可以把季節和身體狀態納入考量，試著搭配溫食、冷食、生蔬菜或溫蔬菜、豆類或雜糧米飯等各種菜色吧！書上所介紹的副菜和湯，都可以自由搭配。請規劃個人喜歡的菜單，大快朵頤一番！

目次

第 1 章　肉類 的兩菜一湯

第2章　魚類
的兩菜一湯

為煎魚增添季節感
四季的盤前裝飾蔬菜

第3章 雞蛋和豆腐
的兩菜一湯

蒸煮花蛤和蜂斗菜

淡煮土魟

土當歸裙帶菜味噌湯

豌豆飯

10

野崎洋光主廚親自教導
四季變化的兩菜一湯

客人來訪的時候，對於料理的準備就會比平日更加用心。這個時候，就可以根據當時的季節，
以及客人對料理食材的接受程度來做準備。對家庭中的宴客料理來說，這是非常重要的事情。
「分とく山（Buntokuyama）」的野崎洋光主廚將在這裡親自教導，如何運用隨著季節轉換而改變的當季食材，
來製作出別具日本風味，且適合用來款待賓客的兩菜一湯。

主菜	淡煮土魠
副菜	蒸煮花蛤和蜂斗菜
湯	土當歸裙帶菜味噌湯
主食	豌豆飯

春天，大海裡的鯛魚和土魠等白肉魚和貝類正值鮮美，而在
山野間，苦味或澀味較強烈的山菜剛剛發芽，鮮綠的蔬菜也
正邁入旺季，香氣變得更為強烈。只要徹底運用這些食材，
即可製作出春天的美味料理。用來作為主菜的魚類料理，要
善用土魠本身的鮮甜味，用水快速煮熟即可。這是為了讓客
人品嚐到當季魚類的細膩鮮味，所做的精心安排。除了土魠
之外，鯛魚也是不錯的選擇。招待客人時，副菜要比主菜稍
微簡單一些。副菜是可以品嚐到海味滿溢的花蛤，以及略帶
點苦味的蜂斗菜。再來就是湯和飯，為凸顯出主菜和副菜的
味道，豌豆飯的調味採用不會掩蓋掉豌豆香氣的淡口醬油；
味噌湯則採用散發春天香氣的清爽食材。主菜、副菜的加熱
時間全都在 10 分鐘以內，才能夠快速上桌。

（製作方法在 14 頁）

前置作業時程表

2 小時前	花蛤泡水吐沙
	↓
1 小時前	洗米後泡水
	土魠抹鹽
	↓
30 分鐘前	開始煮飯
	處理土當歸和蜂斗菜
	↓
15 分鐘前	開始調理淡煮土魠
	↓
10 分鐘前	開始調理蒸煮花蛤和蜂斗菜
	製作味噌湯

春天的香味

山椒葉

山椒的嫩芽、山椒葉是表現春天料理的代表性
食材。剛發芽的美麗綠色和清爽的香氣，為料
理帶來季節性與高級感。可拿來作為燉煮料理
的裝飾、湯的佐料、拌菜的裝飾等。

炸香魚

涼拌北魷玉米

蓴菜芝麻醋細麵配溫泉蛋

主菜	蓴菜芝麻醋細麵配溫泉蛋
副菜	炸香魚
副菜	涼拌北魷玉米

對炎熱酷暑來訪的客人來說，什麼樣的料理最令人開心？那就是令人感受到涼爽的料理。這裡稍微做了點巧思，把主角換成了細麵。在初夏進入盛產的滑嫩蓴菜、能品嚐到清爽湯頭又能刺激味蕾的芝麻醋，最後再放上溫泉蛋，讓平凡的細麵不會變得太過樸素。同時，配料的增加也能增添份量感，讓細麵更有主菜般的主角風範。可是，光靠細麵這個主角，似乎還是會有少了些什麼的感覺。所以，副菜就用一整尾的炸香魚來展現出夏季氛圍，因為採用在外層裹上麵包粉的油炸方式，所以不用擔心失敗的問題。另一盤副菜是，低溫烹煮的水煮北魷、甜玉米和鮮綠的毛豆，裝在小碟子裡，為整體的口感畫龍點睛，讓人百吃不膩。照理說，菜單的規劃應該是兩菜一湯，不過，因為這裡的細麵兼具了主菜、主食、湯的成分，就採用了兩道副菜。

（製作方法在15頁）

前置作業時程表

事前準備	製作細麵用的芝麻醋，放進冰箱裡冷藏
	製作溫泉蛋，放進冰箱裡冷藏
	↓
30分鐘前	香魚的事前處理
	↓
20分鐘前	煮玉米、毛豆和北魷
	↓
15分鐘前	香魚裹上麵衣後油炸
	↓
10分鐘前	煮細麵
	↓
上桌前	把北魷玉米拌勻
	細麵盛盤

夏季的演出創意

用冰誘出涼感

把冰裝在砂鍋裡，這種夏季的驚奇表現也別有一番樂趣。把裝盤的料理放在冰上，裝飾上綠葉，蓋上鍋蓋後，端上桌。在眾人都以為端出的料理是溫熱料理時，把鍋蓋掀開，清涼的巧思便會在瞬間盡收眼底，給人帶來清涼的感受。

淡煮土魠

以水為基底，再用淡口醬油、酒和昆布調味，快速烹煮，使食材的味道更為鮮明。最重要的事情是，在烹煮之前，要先把魚快速汆燙，去除血水和雜味。只要以80℃的溫度烹煮片刻，魚肉就會變得柔嫩。

材料（2人份）

土魠（魚塊）	2片（70g）
長蔥	1根
生香菇	2朵
豆腐	2塊（30g）
昆布	5cm方形
A ┌ 水	1又½杯
├ 淡口醬油	4小匙
└ 酒	4小匙
鹽	1小匙
山椒葉	適量

製作方法

1 土魠的兩面抹鹽，靜置15分鐘。長蔥切成5cm長，生香菇去掉根蒂。

2 把長蔥和生香菇放進網勺，用熱水汆燙。接著，把土魠放進濾網，用熱水快速汆燙，表面的顏色變白後，馬上放進冰水裡。

3 把步驟 2 的食材、豆腐、昆布和A材料放進鍋裡，煮沸之後，把火關小至湯汁不會沸騰的程度，繼續煮1～2分鐘。裝盤，淋上湯汁。放上山椒葉。

＼ 野崎主廚的話 ／

魚請從常溫的水開始加熱。如果把魚放進沸騰的湯汁裡，表面的受熱會過多，導致魚的甜味出不來，湯汁也無法入味，就會變得不好吃。如果還有多餘的湯汁，可以拿來製作烏龍、蕎麥麵或雜煮等料理。

蒸煮花蛤和蜂斗菜

因為幾乎只靠花蛤和蜂斗菜的水分下去蒸煮，所以食材的鮮味會顯得格外濃醇。蜂斗菜的輕微苦味，使整體的味道更加扎實，令人百吃不膩。花蛤帶殼使用，更能增添視覺上的份量感。明明感覺「吃了很多」，卻只攝取了少許熱量。

材料（2人份）

花蛤（帶殼）	400g
蜂斗菜	80g
淡口醬油	1小匙
鹽	適量

製作方法

1 花蛤泡在1.5%的鹽水中，靜置1小時左右，讓花蛤吐沙後，再把外殼清洗乾淨。

2 蜂斗菜塗上鹽巴，在砧板上平放，切成可放進鍋裡的大小，如果是細莖就煮2分鐘，粗莖則煮3分鐘。煮熟後去皮，分切成3cm長度。

3 把步驟 1 的花蛤和步驟 2 的蜂斗菜放進平底鍋，淋上淡口醬油，蓋上鍋蓋，使用中火。食材開始出水後，慢火烹煮至湯汁開始冒泡為止。

＼ 野崎主廚的話 ／

雖然花蛤大多都是採用酒蒸的方式烹調，但其實並不需要放酒。酒會產生苦味，反而會妨礙到食材的味道。萬一醬油燒焦怎麼辦？或許有人會因此而感到擔心，但是，因為食材本身會出水，所以完全不會有這種問題。可是，如果在出水前採用大火，就肯定會燒焦，烹煮時請多加注意。

土當歸裙帶菜味噌湯

野崎式味噌湯的秘訣，在於合乎食材的適量調味。在味道清淡的湯裡面，加上帶點苦味的土當歸和充滿大海香氣的裙帶菜。雖然整體的味道沒有想像中強烈，但卻宛如讓身體覺醒般，讓人深受吸引般的春季美味。

材料（2人份）

土當歸	6cm長
水芹	⅓把
裙帶菜（泡軟）	30g
高湯	300ml
味噌	25g

製作方法

1 土當歸去掉較厚的皮，將長度切成一半，再縱切成4等分，泡在醋水（材料以外）裡。把4cm長的水芹切碎。

2 把高湯和步驟 1 的土當歸放進鍋裡，沸騰之後，撈出浮渣。放進裙帶菜、水芹，再把味噌溶入湯裡。

豌豆飯

春天最具代表性的蒸飯。因為豌豆格外堅硬，沒辦法馬上就煮得軟爛，所以從一開始就要和白米一起放進飯鍋裡炊煮。雖然會失去豌豆本身的鮮豔色彩，但是，豌豆的翠綠青香卻能帶入米飯中，使米飯變得更加美味。

材料（2～3人份）

白米	2米杯
豌豆（淨重）	100g
水	1又½杯
酒	2大匙
淡口醬油	2大匙

製作方法

1 洗米後，把白米浸泡在水（材料以外）裡15分鐘，再用濾網撈出，放置15分鐘。

2 把步驟 1 的白米放進飯鍋的內鍋，混入指定份量的水、酒、淡口醬油，放入豌豆，用快煮模式炊煮。

3 煮好之後，燜蒸4～5分鐘，並充分拌勻。

春

蓴菜芝麻醋細麵 配溫泉蛋

希望藉由滑溜、順喉的細麵，讓吃的人感受到清爽口感，所以添加了芝麻醋。再加上溫泉蛋的醇厚，就能品嚐到與湯頭截然不同的美味。滑溜的蓴菜也能為口感增色不少。

材料（2人份）

細麵……………………………3把
芝麻醋
　白芝麻…………………… 3大匙
　高湯……………………1又½杯
　淡口醬油……………… 40㎖
　醋………………………… 40㎖
　柴魚片……………………一撮
蓴菜………………………… 2大匙
溫泉蛋……………………… 2顆
配料（→p.226）………………適量

製作方法

1　製作芝麻醋。混入白芝麻。把高湯、淡口醬油、醋放進鍋裡煮沸，加入柴魚片，煮開後過濾。放涼之後，和芝麻混合，冰鎮備用。
2　依照包裝的調理方式，把細麵煮熟，用水沖洗掉黏液。
3　蓴菜放進濾網，稍微用熱水汆燙後，沖一下冰水。
4　把步驟 2 的細麵放進碗裡，淋上步驟 1 的湯汁，放進步驟 3 的蓴菜和溫泉蛋，並擺上配料。

＼ 野崎主廚的話 ／
醋要在不加熱的情況下，直接食用時，務必用火煮開。如果只有少量，只用微波爐加熱20秒也可以。刺鼻的口感消失之後，鮮味自然就會顯現。

炸香魚

酥炸一整尾香魚，連頭一起品嚐的奢華炸物。香魚的微苦，連同河川的香氣，和香酥的麵衣一起在口中擴散。不同於簡單鹽燒的濃郁和香甜，深受小孩和大人的喜愛。

材料（2人份）

香魚……………………………2尾
小麥粉……………………… 適量
雞蛋……………………………1顆
麵包粉、黑芝麻…………… 適量
炸油………………………… 適量
高麗菜（切絲）…………… 適量
檸檬（半月形）………………2片
芥末醬……………………… 適量

製作方法

1　香魚從背部切開，去除骨頭。
2　把小麥粉倒進調理盤，在調理碗中打散雞蛋，再用另一個調理碗混合麵包粉和黑芝麻。
3　依照順序，把小麥粉、蛋液、黑芝麻麵包粉沾裹在步驟 1 的香魚表面，用加熱至170℃的炸油慢慢酥炸。香魚浮至油面，呈現黃褐色後，撈起，用瀝油網把油瀝乾。
4　把步驟 3 的香魚裝盤，配上高麗菜和檸檬、芥末醬。

＼ 野崎主廚的話 ／
只要是油炸料理，任何人都可以完成美味料理。因為麵衣是麵包粉。小麥粉加熱之後，澱粉會糊化，就足以呈現出宛如麵包般的美味。用小麥粉油炸的天婦羅是一邊使澱粉糊化，一邊使食材充分受熱，所以很難調整火候，但其實油炸料理並不需要那麼神經質喔！

涼拌北魷玉米

把五彩繽紛的食材切成差不多大小後，充分混合攪拌。充滿盛夏氛圍的甘甜玉米和毛豆，加上稍微汆燙，誘出甜味的北魷。那種鮮味和清爽口感在嘴裡充分擴散。

材料（2人份）

北魷（生魚片用）………… 50 g
玉米（煮熟後取出玉米粒）… 50 g
毛豆（煮熟後剝掉薄皮）… 50 g
青紫蘇（切絲）………………3片
A ┌ 高湯…………………… 2大匙
　└ 醬油…………………… 1大匙
薑（磨成泥）……………… 1小匙

製作方法

1　在北魷的表面劃出斜格子的切痕，切成1cm的丁塊狀。
2　把步驟 1 的北魷放進濾網，在不到70℃的微溫熱水裡浸泡15秒左右，煮成半熟。
3　把步驟 2 的北魷、玉米、毛豆、青紫蘇放進碗裡，混入A材料，最後再混入薑泥攪拌。

＼ 野崎主廚的話 ／
北魷就算生吃也十分美味，不過，如果汆燙至半熟程度，甜味就會增加，變得更加美味。這個時候要使用65～70℃的微溫熱水。只要在1ℓ沸騰的熱水中，加入2杯水，就差不多是那樣的溫度。

夏

栗子砂鍋糯米飯

菊花豆腐清湯

煎煮茄子小魚

薑燒牛肉配香菇

16

主菜	薑燒牛肉配香菇
副菜	煎煮茄子小魚
湯	菊花豆腐清湯
主食	栗子砂鍋糯米飯

自然恩惠豐富的這個季節，隨著秋意漸濃，氣溫也開始略帶寒意，所以，味道稍微濃厚且分明的料理，總是格外討喜。主菜就用多數人喜愛的家常味道「醬燒」來調理牛肉。最後再擺放上大量的香菇，讓人充分品嚐季節的味道。用砂鍋炊煮的栗子糯米飯，是這份菜單的第二主角。連同砂鍋一起，把剛炊煮好的熱騰騰米飯端上餐桌，溫熱的蒸氣和栗子的香氣，在鍋蓋掀起的那一刻開始擴散，這也是美味的關鍵之一。由於這兩道料理的存在感相當強烈，所以剩下的兩道料理就簡單一點，讓口感的對比更加強烈。副菜的煎煮茄子小魚，就算涼了也非常美味，所以就算做起來備用也沒關係。剛好可以用這段時間來製作其他料理。湯則是把豆腐當成菊花的清湯。豆腐只不過切出幾道刀痕，就可以展現出漂亮的樣貌，請務必試試看。

（製作方法在20頁）

前置作業時程表

1小時前	製作煎煮茄子小魚 剝除栗子皮
	↓
30分鐘前	洗糯米， 開始炊煮栗子糯米飯 處理香菇、清湯用 的食材
	↓
10分鐘前	製作清湯 調理薑燒牛肉

秋季的裝飾

菊花

優雅的色調與柔和的香氣，美麗妝點豐收季節的宴客料理。如果沒有新鮮的菊花，就算使用乾燥成板狀的菊海苔也可以。除了可以像這次的菜單這樣，放到湯裡面增加香氣之外，也可以當作醋漬或涼拌料理的食材、生魚片的配菜等。

炒北魷內臟

白飯

章魚蘿蔔佐檸檬醬油

沙丁魚丸鍋

18

主菜	沙丁魚丸鍋
副菜	炒北魷內臟
副菜	章魚蘿蔔佐檸檬醬油
主食	白飯

冬

在這個嚴寒的季節裡，熱騰騰的料理最美味。大家圍著火鍋坐在一起，身體和心都跟著變得暖和，而且對話也變得熱絡。另外，只要備好材料，丟進鍋裡煮就可以了，所以建議使用比較容易處理的食材。一般來說，火鍋裡都會放進大量的蔬菜。可是，蔬菜不是容易煮得太爛就是煮不爛，同時，也很難在煮得恰到好處的時候馬上吃，所以這裡把先用水煮熟，再用攪拌器處理過的白菜製作成湯。這樣一來，不僅容易和魚丸一起品嚐，同時，沙丁魚和白菜的鮮味也非常相得益彰，光是湯頭本身就非常美味。作為主角的魚丸鍋兼具菜餚和湯的角色，所以就用兩道副菜和白飯來搭配。副菜是把北魷內臟當成調味料快炒的炒北魷內臟。非常適合當溫熱日本酒的下酒菜。另一道料理是取代醃漬物的醋漬物。感覺火鍋料理吃膩的時候，只要吃點醋漬物或是生蔬菜，自然就會想再繼續吃了。當然，就算在這個菜單中加上醃漬物也沒有問題。

（製作方法在21頁）

前置作業時程表

2.5小時前	切開北魷，鹽漬內臟，處理北魷
	↓
1.5小時前	沙丁魚磨成泥，加入鹽
	↓
1小時前	洗米後，將白米泡水 製作魚丸鍋的湯頭 製作沙丁魚丸
	↓
30分鐘前	開始煮飯 開始製作兩道副菜
	↓
15分鐘前	用砂鍋製作魚丸鍋

冬季的便利配料

香橙配料

冬天常有把火鍋等熱騰騰料理當成宴客料理的情況，只要加上配料，就能增添香氣和口感，讓料理呈現出高級感。把一整顆香橙皮切成絲、五根茼蒿的菜葉、3㎝左右的白髮蔥、½ 朵切成大段的水芹泡過水後，瀝乾水分，在冰箱裡保存2～3天。只要把4種材料混在一起，就能產生複雜的香氣，同時增加鮮味。

薑燒牛肉配香菇

薑燒是家常菜中常見的料理，鮮甜的牛肉、迅速擴散香氣的薑，和大量的香菇鮮味，讓料理的鮮味更上一層。唯一的訣竅就是肉不要煎得太熟。調理到一半時取出，準備盛盤時再放回鍋裡，就會出乎意料地美味。

材料（2人份）

牛里肌肉	140 g
舞茸	50 g
生香菇	3朵（50 g）
鴻禧菇（去掉蒂頭）	50 g
長蔥（綠色部分）	1根
A ┌ 酒	40 ㎖
├ 味醂	40 ㎖
├ 醬油	40 ㎖
└ 薑（泥）	1小匙
沙拉油	1大匙

製作方法

1 舞茸撕成條狀、生香菇去掉蒂頭，縱切成4等分。長蔥的綠色部分切成蔥花。

2 平底鍋用沙拉油預熱，放進牛肉，把兩面都煎成焦黃。用廚房紙巾把油吸掉，放進步驟 **1** 的菇類食材，再放進鴻禧菇，待食材稍微呈現焦黃後，混入A材料。<u>煮開後，取出牛肉。</u>

3 把香菇和湯汁煮乾，<u>氣泡咕嘟咕嘟變大</u>，香菇呈現出色澤之後，<u>把牛肉放回鍋裡</u>，讓湯汁包裹在牛肉表面。把牛肉切成容易食用的大小，裝盤，把長蔥和剩下的湯汁快速拌勻後，淋上。

＼ 野崎主廚的話 ／

肉煮太久，會變得不好吃。蛋白質用超過80℃的火候烹煮時，湯汁就會流出，口感也會變得硬梆梆。如果採用食譜中所使用的「不持續煎煮」的方法，就算沒有採用那種高難度的火候調整，仍舊可以達到用80℃火候烹煮的效果。另外，「日式料理的肉類料理」的定義是，能夠用筷子把肉分開。對年紀大的人來說，可說是相當貼心的作法。

煎煮茄子小魚

茄子裹上油香，加上小魚的鹽味和鮮味後，就會變得更加美味。口感就像醃漬物那樣，可以讓人轉換嘴裡的味道。茄子確實煎煮出焦色後，口感就會變得更加濃郁。非常下飯，所以也很適合拿來當成便當的配菜。

材料（2人份）

茄子	2支
長蔥（白色部分）	1根
小魚乾	20 g
A ┌ 酒	2大匙
└ 淡口醬油	1小匙
沙拉油	2大匙

製作方法

1 去掉茄子的蒂頭，縱切成4等分後，切成滾刀塊。長蔥切成色紙切。A材料先混合備用。

2 平底鍋用沙拉油預熱，放進茄子。<u>把茄子煎煮至呈現焦黃</u>，混入長蔥，淋上A材料後拌炒，<u>在湯汁幾乎燒乾，變得黏稠的時候</u>，加入小魚乾，把整體炒勻。

菊花豆腐清湯

豆腐的切法只要稍微加點變化，就能烹煮出外觀美麗的湯品。這是貼近專業廚師的技巧。野崎風格的湯品秘訣就在於高湯25：淡口醬油1的比例調配。如此就能調理出濃淡恰當的味道。

材料（2人份）

豆腐	2塊50 g
茼蒿	3根
菊花	2朵
高湯	300 ㎖
淡口醬油	12 ㎖

製作方法

1 豆腐切出深格子狀的切痕。茼蒿用熱水汆燙後，沖一下冷水，再把水分擠乾。菊花把花瓣拔掉，用醋水（份量以外）煮過之後，確實擠乾水分。

2 把高湯和淡口醬油放進鍋裡，沸騰後，關小火，加入豆腐，<u>稍微溫燙</u>。用碗把豆腐另外盛裝起來備用。

3 用高湯稍微溫熱茼蒿和菊花的花瓣，加上豆腐，最後再倒進高湯。

栗子砂鍋糯米飯

本身就有特殊風味的糯米飯，一旦加上大量的栗子，就能更添美味。栗子本身的甜味和香氣滲入糯米之後，就能徹底品嚐到秋天的味道。糯米是很容易吸水的食材，所以只要不浸泡，直接炊煮，就不會變得黏膩，烹煮出趨近於蒸煮般的口感。

材料（2～3人份）

糯米	2米杯
栗子（去皮）	150 g
水	1又½杯
淡口醬油	2大匙
酒	2大匙
青柚子皮（切絲）	適量

製作方法

1 糯米清洗後，<u>馬上放進砂鍋</u>，加入水、淡口醬油、酒。鋪上栗子，蓋上鍋蓋，開大火烹煮。只要事先把折疊的鋁箔夾在鍋蓋裡，沸騰時，湯汁就不容易溢出。

2 沸騰之後，把火關小，稍微挪開鍋蓋，在保持輕微沸騰的狀態下，持續加熱7分鐘。

3 等到表面的水都乾了之後，進一步把火關小，炊煮7分鐘，最後再用最小的火加熱5分鐘。

4 關火，<u>不要悶蒸，馬上把鍋蓋掀開</u>，撒上青柚子皮。

沙丁魚丸鍋

這一道湯的調味很簡單，就像清湯那樣，只要加點鹽巴就行了。因為光靠魚丸的鮮味和鹽味、白菜的鮮味，就十分美味了。魚丸浮出水面之後，立刻可以品嚐剛煮起來的鮮味。

材料（2人份）

沙丁魚	2尾
長蔥（白色部分）	1根
味噌	10 g
生香菇	4朵
白菜	200 g
水	1 ℓ
鹽	適量
麵粉（低筋麵粉）	2大匙

製作方法

1 沙丁魚片成三片，在兩面灑上1大匙鹽，靜置15〜20分鐘。用水沖洗，充分擦乾水分後，切成大塊。

2 長蔥切末，生香菇去掉根蒂，白菜切成一口大小。

3 把步驟 **1** 的沙丁魚放進食物調理機，攪打成顆粒塊狀。倒進碗裡，加入麵粉，依序放下長蔥、味噌。

4 把水和白菜放進鍋裡，加入1小匙鹽烹煮。白菜變軟，菜梗略帶透明感之後，把鍋子從火爐上移開。把白菜和少量的湯汁放進食物調理機攪打20秒左右，攪打成稍微保留點形狀的程度。倒回剩下的湯汁裡，再次加溫。

5 食用時，就把步驟 **4** 的白菜、長蔥、生香菇放進砂鍋裡煮沸，再把步驟 **3** 的魚漿搓圓，加進湯裡面。魚丸浮起的時候，就是最美味的時刻。如果連同白菜的湯一起品嚐，就會更加美味。

＼ 野崎主廚的話 ／

在家庭裡，食物調理機是相當好用的調理機具。就拿這道料理來說吧！只要有食物調理機，就可以輕易的打碎沙丁魚，白菜也只要20秒就能變成菜泥。白菜製作成菜泥後，甜味就會更加明顯。植物性的甜味和沙丁魚動物性的甜味融合在一起之後，就能夠成為更加美味且天然的湯品。當然，如果沒有食物調理機的話，也可以用研缽或攪拌機來做處理。

炒北魷內臟

預先用鹽醃漬的「北魷內臟」，就是這道料理的調味料。只要和短時間熱炒的北魷拌勻就完成了。尤其搭配日本酒，是溫熱的日本酒就會更加美味，非常適合拿來作為助興的下酒菜。

材料（2人份）

北魷	1尾
長蔥	1根
鴻禧菇	½包
酒	1大匙
淡口醬油	1小匙
沙拉油	1大匙
鹽	適量

製作方法

1 去掉北魷的腳，剖開身體，取出內臟，分成腳、身體和內臟三個部分。內臟撒滿鹽巴，使整體幾乎覆蓋上雪白，在冰箱裡冷藏2小時。用水把內臟上的鹽巴沖洗乾淨，輕輕劃出切痕。身體去掉外皮，在整體切出細且傾斜的格子切痕，並切成一口大小。北魷腳也切成一口大小。

2 長蔥切成4㎝長後，斜切出切痕。鴻禧菇去掉根部。

3 平底鍋用沙拉油加熱，放進北魷的身體、腳、蔥、鴻禧菇一起拌炒。北魷熟透後，加入步驟 **1** 的內臟、酒、淡口醬油，把整體拌勻。

章魚蘿蔔佐檸檬醬油

火鍋料理的小菜。可以讓嘴裡的味道變得清爽的醋漬物。檸檬的清爽酸味，把章魚的香甜和蘿蔔、水芹的爽口口感，完整濃縮在一起。

材料（2人份）

水煮章魚	100 g
蘿蔔	6 cm
水芹	1把
檸檬汁	1大匙
醬油	1大匙
鹽	適量

製作方法

1 水煮章魚用稀釋的鹽水清洗後，切成大塊。

2 蘿蔔切成薄銀杏切，用少許的鹽輕輕搓揉後，放置5分鐘，再用水沖洗乾淨，擦乾水分。水芹用熱水汆燙後，切成3㎝長。

3 把檸檬汁和醬油放進碗裡混合，放進步驟 **1** 的章魚和步驟 **2** 的食材拌勻。

冬

靈活運用本書的方法

基本的煮飯方法　指導／野崎洋光

「兩菜一湯」的基本就是主食，也就是白飯。一顆顆充滿光澤的飯粒，會在咀嚼的那一刻溶出稻米的香甜──這裡就要教導大家，用電鍋煮出美味米飯的方法。

1　把白米放進碗裡，倒進水，用指尖粗略混合後，馬上把水倒掉。這個作業要不斷重覆，直到水變得透明為止。

※ 米是「乾糧」。因為容易吸水，所以剛開始要把水快速倒掉，加入新的水。

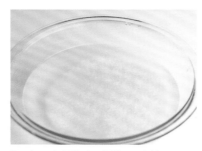

2　加入大量的水，浸泡15分鐘。

※ 就像是讓乾糧吸水，把乾糧泡軟的感覺。在這個作業中，乾糧的穀臭味也會隨著水浮出，就可以清洗得更加乾淨。

3　用濾網撈起，放置15分鐘以上，一邊把水瀝乾，一邊讓表面的水分吸入。如果使用的是免洗米，步驟 **2** 和 **3** 的作業也一定要執行。

※ 基本上讓白米吸水30分鐘，不過白米在浸水的狀態下，表面會變形，所以要一邊瀝乾一邊吸水。

4　把步驟 **3** 的白米和全新的水放進電鍋的內鍋裡。水量跟白米相同份量。例如，如果是2米杯的白米，水就是360㎖。把內鍋放進電鍋，用快煮模式開始炊煮。

※ 如果沒有進行步驟 **2** 和 **3** 的吸水作業，就要增加約2成的水量，差不多是430㎖左右。如果用一般模式炊煮充分吸水的白米，煮好的米飯就會有過多的水分。

5　用飯勺翻攪煮好的米飯，讓米飯充分混合，一邊讓空氣進入，一邊讓多餘的空氣排出。藉此使米飯呈現出光澤。

※ 如果沒有執行翻攪作業，米飯的口感就會變差。

6　拔掉插頭，掀開鍋蓋，蓋上確實擰乾的溼布。

※ 保溫等同於持續加熱，持續加熱會使米飯的口感變差。米飯變冷之後，可用微波爐重新加熱。

●燕麥飯　指導／高賢哲

這裡所使用的是，大麥經過碾壓加工，變得比較容易加熱的燕麥。建議採用1米杯白米混入30ｇ燕麥的比例。燕麥快速清洗後，把水瀝乾，加上洗米吸水後的白米，用增加60㎖的水量，以一般的方法充分炊煮，再讓燕麥充分混合，就完成了。

本書收錄了6位大師的菜單規劃方法、食譜、料理秘訣等內容。

每個老師的調味、技巧與份量各有不同，就算是相同的湯頭，仍會有份量上的差異。

首先，請先依照老師的食譜內容試著製作看看。然後再依照個人喜好進行調整，找出自己的調味方法。

這裡將為大家介紹，基本的煮飯方法，以及高湯的熬煮方式。

基本的高湯煮法　指導／松本忠子

昆布和柴魚片所熬煮而成的基本高湯。

高湯的製作方法有很多，這次則請松本老師來教導大家，一般家庭比較容易製作的方法。

多餘的部分只要用冷凍保存容器分裝，冷凍起來，就會相當便利。

材料（容易熬煮的份量）

昆布	10cm方形（約10g）
柴魚片	30g
水※	5～6杯

※ 製作「高濃度高湯」時，就用4杯水。

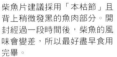

柴魚片建議採用「本枯節」且背上稍微發黑的魚肉部分。開封經過一段時間後，柴魚的風味會變差，所以最好盡早食用完畢。

昆布建議採用可製作出清澈清湯甜味的利尻昆布（照片上方）。甜味較濃的羅臼昆布（下）則適合拿來製作味噌湯或燉煮、昆布漬。

熬煮方法

1 用確實擰乾的溼布，去除昆布表面的髒汙。白色的粉是昆布的甘甜來源，所以不要去除。放進鍋裡，加入指定份量的水浸泡，把昆布泡漲。也可以在前天晚上浸泡，預先放進冰箱冷藏備用。

2 開較弱的中火烹煮步驟 **1** 的鍋，要一邊注意火候，避免馬上煮開，一邊熬煮出昆布的甘甜。在即將沸騰之前取出昆布。

3 再次把湯煮沸，關小火，沸騰狀態控制下來後，一口氣放入柴魚片，稍微攪拌一下，關火。馬上用鋪上紙巾的濾網撈起柴魚片。不要擠壓柴魚片，讓高湯自然滴落，如果湯汁沒有滴落，就輕輕按壓。

這個很便利

小包裝的柴魚片可以省略撈起的步驟，所以相當省時。熬煮方法就是在步驟 **2** 取出昆布之後加入，只要熬煮3～5分鐘就可以熬出美味的高湯。照片的商品是松本老師個人愛用的「旨味自慢萬能便利」（Marutenn（有））。

●小丁香魚高湯的熬煮方法　指導／高賢哲

毫不掩飾的粗曠風味正是小丁香魚高湯的魅力所在。就算不撈出來，直接當成湯品的配菜也沒關係。

材料（完成後，2又½杯）

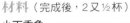

小丁香魚	20g
水	3杯

熬煮方法

1 小丁香魚取出內臟，和水一起放進鍋裡，靜置約30分鐘。開中火，在火候維持微滾的狀態下，一邊撈掉浮渣，熬煮15分鐘左右。

2 撈出小丁香魚就可以了。

浮渣要確實撈乾淨。如果置之不理，就會有腥臭味，同時帶有苦味。

食譜頁面的說明

一人份菜單的總熱量。白飯1碗（100g）是168kcal、燕麥飯1碗（100g）是132kcal、麵包1餐量（60g）則是160kcal。

在兩菜一湯的菜單表中，也會針對副菜和湯品，介紹適合替換的其他料理。試著嘗試各種變化，讓菜單的規劃更加多元吧！另外，老師也會一併解說菜單的規劃示意圖、味道及食材的組合搭配、吃法等構想。

料理端上桌之前的概略時間比例。請視狀況隨機決定是要預先製作或是顛倒順序。有時也可以省略切食材等作業。使用電鍋或鍋子，依照個人製作的速度等改變製作的時間。

介紹重點食材的營養成分等知識。

規劃菜單時的巧思，或是讓料理更加美味的訣竅。

這本書的既定規則

● 1小匙是5㎖、1大匙是15㎖、1杯是200㎖、1米杯是180㎖。

● 如果沒有特別註明的話，砂糖就是白砂糖、鹽是自然鹽（未加精製的粗鹽）、醬油是濃口醬油、酒是清酒、味醂是本味醂、奶油則是使用食鹽，雞蛋使用M尺寸的雞蛋（58g～64g），麵粉則是使用低筋麵粉。

● 如果沒有特別註明，材料表的重量就是包含丟棄的部分（皮或芯、種籽、筋等）在內。淨重則是指扣除掉丟棄部分的重量。胡蘿蔔或馬鈴薯等，多半都是去皮使用的材料，在製作方法中會省略掉去皮的步驟。

● 如果沒有特別註明，高湯就採用昆布和柴魚片熬煮的高湯（→p.23）。如果使用市售的高湯，因為市售的高湯通常都含有鹽分，所以請加以斟酌鹽巴的用量。

● 微波爐的加熱時間是以600W為標準。500W的微波爐請把加熱時間設定成1.2倍。

料理名稱的由來、味道、老師的構思、料理的訣竅等，與該料理相關的說明。

製作料理用的材料表，和該料理的一人份熱量。盛盤後的份量，有時會和材料表的份量不同。

老師給讀者們的料理建議。料理的訣竅，以及更多種不同變化的創意巧思。

製作方法的重點解說。製作方法下方畫有紅線的部分，就是該道料理的重點。另外，照片的a、b等編號，和解說中的(a)、(b)等編號相對應。

第1章

肉類的
兩菜一湯

完全符合主菜形象、份量十足、稍有嚼勁，
而且可以馬上調理的肉類，是餐桌上相當受歡迎的食材。
牛肉、豬肉、雞肉、絞肉可以品嚐到各種不相同的美味，
而且薑燒、漢堡等大人、小孩都愛的料理也有很多，
所以肉類料理也是餐桌上經常出現的菜色。
基於營養均衡，
這裡要透過副菜或湯品來攝取大量的蔬菜。

1人份
616kcal

薑燒豬肉

高麗菜鹽昆布沙拉

蘿蔔味噌湯

白飯

傳統的基本菜單

主菜	## 薑燒豬肉

副菜	## 高麗菜鹽昆布沙拉

菜色變化 ➔ 浸菠菜（→p.51）
菜色變化 ➔ 醃漬沙拉（→p.81）
菜色變化 ➔ 半熟高麗菜沙拉（→p.93）

湯	## 蘿蔔味噌湯

菜色變化 ➔ 馬鈴薯洋蔥味噌湯（→p.77）
菜色變化 ➔ 豆腐滑菇味噌湯（→p.129）
菜色變化 ➔ 烤茄子味噌湯（→p.195）

主食	## 白飯

說到最受歡迎的菜色，就會讓人聯想到薑燒豬肉。薑汁的風味和鹹甜的醬汁，誘出豬肉的鮮味，相當適合下飯。這份菜單要把原本當成主菜配菜的高麗菜，變化成副菜。蔬菜簡單切成大塊，會比切絲更加省時，同一道料理變成兩盤之後，也可以讓餐桌變得更加熱鬧。最後，只要搭配上容易誘出濃郁肉類料理的簡單味噌湯，就會是份營養均衡的菜單。

前置作業時程表

事前準備	熬煮高湯
	↓
1小時半前	洗米，讓白米泡水
	↓
1小時前	開始煮飯
	↓
15分鐘前	豬肉預先調味
	切高麗菜
	開始製作味噌湯
	↓
上桌前	煎豬肉
	高麗菜拌調味料

■ 營養加分！

豬肉富含有助於恢復疲勞的維他命B1，只要和富含維他命C的高麗菜加以組合，就可以調整身體狀態。另外，蘿蔔含有許多幫助鹽分排出的鉀。這是溶於水的成分，所以才會把蘿蔔煮成味噌湯。

美味關鍵！

輕鬆製作副菜的鹽昆布

想多增加一道副菜的時候、不想在副菜上花費太多時間的時候，只要事先買些可以長期保存的鹽昆布回家放，就會相當便利。因為鹽昆布有鹽味、甜味、濃郁鮮味，所以相當容易調味，只要和切好的蔬菜加以混合，立刻就能完成一道沙拉。鹽昆布和調味料不同，因為不會均一分布，所以也能夠成為味覺上的重點。此之外，也可以撒在白肉魚的生魚片上，製作成下酒菜。

薑燒豬肉

裹上鹹甜味道，柔嫩、多汁的豬肉，要分兩個階段調味。首先，用醃浸的方式，讓醬油的鹽分和風味入味，再用薑汁去掉腥味，使肉質變軟嫩。裝盤後，再用醬汁誘出甘甜和光澤，並加上薑泥，增添香氣──如此就會變得格外美味。

材料（2人份）

薄切的里肌豬肉 ···················· 200 g

醃浸醬汁

   醬油 ···················· 2大匙

   酒 ···················· 1大匙

   薑汁 ···················· 1大匙

煎煮醬汁

   味醂 ···················· 1大匙

   砂糖 ···················· 1小匙

   薑泥 ···················· ½大匙

沙拉油 ···················· 少許

製作方法

1 在調理盤裡混合醃浸醬汁（a），並讓每片豬肉（b）裹上醬汁，放置5～7分鐘。如果醃浸時間過久，肉質就會變得過硬，所以要多加注意。醬汁就留起來備用。

2 平底鍋預熱，塗上薄薄的一層沙拉油。用菜筷夾起步驟 **1** 的豬肉，稍微擠壓掉醬汁後，平攤在平底鍋裡，快速煎過兩面。大約8分熟之後，把肉片移放到調理盤。

3 步驟 **2** 的平底鍋不用清洗，倒進醃浸醬汁、煎煮醬汁，用較強的中火熬煮湯汁。等大泡泡變小，湯汁變黏稠之後，把肉放回鍋裡，快速讓肉裹上湯汁（c），把肉完全煮熟。

a

醃浸的薑僅採用薑汁。薑泥容易在煎肉的時候烤焦，所以煎煮時再使用。

b

豬肉使用厚度3mm左右的肉片。如果厚度大於3mm，往往會擔心煮不熟而煎煮過久。

c

豬肉稍微煎煮後取出，並且在醬汁變得黏稠時放回鍋裡，就可以製作出多汁的燒肉。

美味加分！
松本老師的話

調味方面請先依照份量製作。至於甜度、鹽分、煎煮程度、肉的挑選方式，就請依照個人的喜好，並根據下列的建議加以調整。年長者或小孩，建議使用更薄的肉片來製作。如果是涮涮鍋用的肉片，只要不浸泡醃浸醬汁，快速裹上醬汁就OK了。這種肉片要注意避免煎煮太久，要盡快攤平放進平底鍋，並且待單面煎好後，快速取出。

清脆的口感也相當美味

高麗菜鹽昆布沙拉

1 人份
94kcal

令人大吃一驚的大量高麗菜，可以品嚐到鹽昆布的細膩鮮味。拌勻放置一段時間後，菜葉會變軟，所以建議準備上桌的時候再製作。昆布的鮮味、醬油的風味和橄欖油相當搭調。芝麻油也是不錯的選擇。

材料（2人份）

高麗菜	¼～½顆
鹽昆布（切絲）	10 g
特級冷壓橄欖油※	多於1大匙
鹽	少許

※ 也可以依個人喜好調味。

製作方法

1 高麗菜選用內側較柔軟的菜葉部分，切成2 cm的方形（a）。

2 準備上桌之前，把步驟 1 的高麗菜放進碗裡，混入鹽和鹽昆布。

3 進一步淋上特級冷壓橄欖油，稍微混合拌勻。

a

建議採用柔嫩的春季高麗菜或夏季的高山高麗菜。冬季的高麗菜就使用內側較柔嫩的菜葉。

用一種配菜製作的基本味噌湯

蘿蔔味噌湯

1 人份
23kcal

與味噌十分契合的蘿蔔，是具代表性的味噌湯配菜之一。蘿蔔只要採用切斷纖維的切條方式（千六木切），就可以製作出容易和高湯或味噌相融合的美味。

材料（2人份）

蘿蔔	50 g
高湯	1又½杯
味噌	1～1又½大匙

製作方法

1 蘿蔔切成薄片後，交錯重疊排放，從邊緣開始切成條狀。

2 把高湯倒進鍋裡煮開，放進步驟 1 的蘿蔔，用較小的中火烹煮，直到蘿蔔變軟為止。

3 溶入味噌，關火。

美味加分！　松本老師的話

味噌建議依照豆味噌、麥味噌、米味噌等原料差異，或是依照仙台味噌、九州味噌、西京味噌等品種差異，備齊三種種類。因為只要依照季節或食材，把2種不同的味噌混合在一起，味噌的風味就會倍增。蘿蔔味噌可以用較濃的仙台味噌或信州味噌為基底，再加上西京味噌來增添甘甜，就可以製作出美味的蘿蔔味噌湯。

麵包

蕃茄湯

馬鈴薯沙拉

香煎雞排

飽足感 & 健康的西式菜單

主菜 # 香煎雞排

副菜 # 馬鈴薯沙拉

菜色變化➔ 波菜蘋果沙拉（→ p.57）
菜色變化➔ 普羅旺斯雞燴（→ p.181）
菜色變化➔ 醃泡紫甘藍（→ p.218）

湯 # 蕃茄湯

菜色變化➔ 高麗菜濃湯（→ p.203）
菜色變化➔ 豐富蔬菜湯（→ p.207）
菜色變化➔ 蕃茄玉米片湯（→ p.209）

主食 # 麵包

雞肉只用鹽、胡椒調味後，所煎烤而成的香煎雞排，是非常簡單的食譜，不過，其箇中的美味，仍是有其秘訣。在充分引誘出雞肉本身味道的同時，還要去除多餘的油脂，把雞皮煎得酥脆。藉由這次的介紹內容，把重要的關鍵記下來吧！搭配的副菜是受歡迎的馬鈴薯沙拉。馬鈴薯也很適合拿來搭配香煎雞排，可是，搭配水煮胡蘿蔔的傳統做法，會給人份量過多的感覺，所以就改用搭配生菜的方式，製作出輕食般的感覺。因為主菜和副菜的份量都很多，所以湯品就運用帶有酸味的蕃茄，讓整體的搭配更加協調。

前置作業時程表

1小時前	讓雞肉恢復成常溫
	預先準備沙拉用的馬鈴薯
	↓
20分鐘前	雞肉調味後，開始煎煮
	↓
15分鐘前	開始煮湯
	完成沙拉

營養加分！

蕃茄的紅色，也就是名為茄紅素的色素，可抑制造成老化的活性氧，有助於抗老化。茄紅素即使加熱也不容易遭到破壞，而且溶在油裡面後，就會更容易吸收，所以這裡介紹的這種湯特別有效果。

美味關鍵！

在意熱量時，
也能安心品嚐無油香煎

煎煮雞腿肉的時候不要使用油。直接運用雞肉溶出的油脂就行了。只要在雞肉上方擺放重物，就可以擠壓出驚人的大量油脂，同時，也可以避免雞肉把油脂吸入肉裡。可是，重物拿掉之後，雞肉就會馬上把油脂吸入，要事先用紙巾確實吸乾油脂，再把重物拿掉。油脂帶有雞肉本身特有的香氣，所以這是美味上桌所不可欠缺的步驟。

酥脆的雞皮香氣四溢

香煎雞排

擺放上重物，確實香煎，溶出雞肉本身的油脂，就算無油也可以煎得酥脆。沒有沾醬，仍然可以美味上桌的原因就在於鹽的份量。確實測量雞肉的重量，使用雞肉重量1％的鹽分，就可以製作出完美的味道。

材料（2人份）

雞腿肉（大）	1片（300ｇ）
鹽※	½小匙
胡椒	適量
四季豆	6支
檸檬	½顆

※ 鹽的用量是參考值。只要用量是材料重量的1%即可。

製作方法

1 讓雞肉溫度恢復成常溫，切除脂肪（**a**），把鹽、胡椒揉進整片雞肉（**b**）。

2 四季豆如果有老筋，就要先把老筋去除。檸檬對切成半。

3 平底鍋預熱，把步驟 **1** 的雞肉放進鍋裡，<u>雞皮朝下</u>。在上方擺放盤子和2kg左右的重物（**c**），用中火煎烤。

4 雞皮煎出焦色，側面呈現白色之後，拿掉盤子和重物，翻面（**d**），放進四季豆。<u>一邊用紙巾吸掉油脂，持續煎煮3分鐘左右</u>。在四季豆撒上少許的鹽、胡椒（份量外）。

5 把雞肉切成一半，裝盤。附上四季豆和檸檬。

a

雞肉和雞皮之間的白色脂肪會造成腥味，所以要花點時間確實去除。

b

鹽的份量是雞肉重量的1%左右。品牌雞的水分比較少，所以要減少用量。

c

擺放重物的盤子要比雞肉小一點。如果太大，會覆蓋住雞肉，把蒸氣悶在裡面，雞皮反而煎不酥脆。

d

側面變白之後，就可以翻面。這種程度大約是8分熟左右。

馬鈴薯沙拉

1 人份
162kcal

馬鈴薯在不燒乾水分的情況下加熱後，
即可產生鬆軟的口感，再加上清脆生菜
的清爽味道。為了避免味道太曖昧，要
添加一些鹽巴，同時引誘出馬鈴薯的甜
味。

材料（2人份）

馬鈴薯 …………………………… 2顆
洋蔥 ……………………………… ⅛顆
小黃瓜 …………………………… ½條
甜椒 ……………………………… ⅕顆
萵苣 …………………………… 2片左右
A ┌ 鹽 ………………………… ½小匙
　├ 醋 ………………………… ½大匙
　└ 胡椒 …………………………… 適當
美乃滋 …………………………… 2大匙

製作方法

1 洋蔥切末，小黃瓜斜切成薄片，甜椒切絲。萵苣撕成容易食用的大小。

2 馬鈴薯用保鮮膜包起來，用微波爐（600Ｗ）加熱約8分鐘，趁熱把皮去掉後，放進碗裡，稍微壓碎。把步驟 **1** 的洋蔥和A材料混入後，放涼（ **a** 、 **b** ）。

3 加進美乃滋混合，並混入小黃瓜、甜椒、萵苣。

a

趁馬鈴薯還很熱的時候混入洋蔥，就能稍微溫熱洋蔥，帶出甜味。

b

調味後放涼，美乃滋就不會滲入，而會覆蓋在馬鈴薯表面，就可以預防使用過量。

蕃茄湯

1 人份
46kcal

誘出蕃茄的豐富鮮味、洋蔥的甜味，用
水就可以調理出的自然甜味。單靠蔬菜
的話，味道會不夠濃郁，所以要添加些
起司粉。植物性和乳製品的鮮味融合一
體後，就能形成清湯所沒有的美味。

材料（2人份）

蕃茄 ……………………………… 1顆
洋蔥 ……………………………… ¼顆
鹽 ………………………………… ⅓小匙
胡椒 ……………………………… 適當
水 ………………………………… 1杯
起司粉 …………………………… 少許
橄欖油 …………………………… 1小匙
黑胡椒 …………………………… 少許

製作方法

1 洋蔥切末。蕃茄切成小丁。

2 把步驟 **1** 的食材放進鍋裡，蓋上鍋蓋，並用較弱的中火加熱。偶爾掀開鍋蓋攪拌一下，蒸炒5～6分鐘直到食材變軟為止（ **a** ）。

3 加進清水煮沸，用鹽、胡椒調味後，裝盤。撒上起司粉，淋上橄欖油，撒上黑胡椒。

a

蔬菜確實蒸炒後，就會釋出水分。甜味也會隨之溶出。

1人份
628kcal

涼拌捲心菜

漢堡排

起司粉雞蛋湯

白飯

超人氣西式菜單

主菜	## 漢堡排

副菜	## 涼拌捲心菜

菜色變化 ➡ 半熟高麗菜沙拉（→p.93）
菜色變化 ➡ 普羅旺斯雜燴（→p.181）
菜色變化 ➡ 醃泡紫甘藍（→p.218）

湯	## 起司粉雞蛋湯

菜色變化 ➡ 蕃茄湯（→p.33）
菜色變化 ➡ 香菇濃湯（→p.89）
菜色變化 ➡ 高麗菜濃湯（→p.203）

主食	## 白飯

主菜是小孩、大人都喜歡的漢堡排。為了品嚐到肉類本身的美味，煎好之後，不使用任何醬料。學會基礎後，接下來就搭配個人喜歡的醬料，讓菜單有更豐富的變化吧！副菜是去掉肉類油膩感的沙拉。添加上白飯、麵包都很適合搭配的火腿和玉米。可以預先製作起來放涼，待漢堡煎好之後再端上桌。湯品則是運用起司的簡單菜色。只有主菜需花費時間的這份菜單，做起來應該相當輕鬆吧！

前置作業時程表

1小時半前	洗米，白米泡水 製作漢堡肉，放涼
	↓
1小時前	開始煮飯 製作涼拌捲心菜
	↓
10分鐘前	煎漢堡排 煮湯

營養加分！

洋蔥刺鼻的香氣和辛辣源自於硫化丙烯這個成分。硫化丙烯可以促進消化，幫助維他命B1的吸收。加熱後，這個效果就會流失，所以建議採用涼拌捲心菜這樣的生食作法。

美味關鍵！

關鍵在於準備作業的多汁漢堡排

漢堡排就從一開始先製作起來備用吧！為了製作出鮮嫩多汁的漢堡排，漢堡肉揉捏完成及塑形時，都必須放進冰箱裡冷卻。肉的油脂開始溶出的溫度是35℃左右。因為手的溫度是36～37℃左右，所以會在製作的過程中溶出油脂。如果在這種狀態下煎煮，油脂和水分就會馬上溶出，導致肉變得乾柴。所以要確實冷卻，讓油脂凝固，等到準備煎煮的時候再取出使用。

滲出的肉汁令人感動！

漢堡排

1 人份
292kcal

可品嚐到肉本身的美味，同時還能有彈牙口感。因為沒有麵包粉等材料，才能製作出絞肉的彈牙口感。使用大量的洋蔥，讓漢堡排的肉汁在咬下的同時，在嘴裡擴散，就可以充分享受到肉本身的鮮嫩美味。

材料（2人份）

牛豬混合絞肉	200 g
鹽	½ 小匙
胡椒	適量
雞蛋	½ 顆
洋蔥	100 g
胡蘿蔔	50 g
青花菜	50 g
沙拉油	適量

製作方法

1 洋蔥切末（**a**）。胡蘿蔔切成5mm厚的片狀，青花菜切成小朵。

2 把絞肉放進碗裡，加入鹽、胡椒，用手搓揉攪拌直到黏稠狀。加入雞蛋進一步混合搓揉後，加入步驟 **1** 的洋蔥，快速混合攪拌（**b**）。放進冰箱冷藏。

3 把步驟 **2** 的食材分成兩半，用沾上沙拉油的手拍打，一邊擠出空氣，一邊拍捏出形狀，再放進冰箱，讓肉完全冷卻。

4 平底鍋加熱後，擺放上步驟 **3** 的食材，用較強的中火煎煮1分鐘左右。待漢堡排呈現焦黃後，翻面（**c**），改用小火，放進胡蘿蔔、青花菜，蓋上鍋蓋，燜煎6～7分鐘（**d**）。

5 試著用手指按壓漢堡排的正中央，只要有彈力且鬆軟的觸感，就可以盛盤了。蔬菜撒上少許的鹽、胡椒（份量以外），和漢堡排一起裝盤後，再淋上漢堡排的燜煎湯汁。

a

使用大量的生洋蔥。酵素會讓肉質變軟，水分則能讓絞肉變得多汁。

b

一開始先混入鹽巴，揉捏至肉產生黏性。最後再混入洋蔥。

c

翻面的時候，只要用手稍微扶一下，就會比較容易翻面，也不用擔心漢堡排變形。

d

在煎漢堡排的中途放進蔬菜，利用蔬菜釋出的水分燜煎。

火腿的鮮味與高麗菜融合

涼拌捲心菜

1 人份
96kcal

只要在各個季節稍微運用點巧思，就可以全年品嘗到這道受歡迎的沙拉。柔嫩的春季高麗菜要切成大塊，保留口感，緊實的冬季高麗菜則要切成小塊，讓味道充分混合。不管是哪個季節，都要使用接近中心的柔嫩菜葉。

材料（2人份）

高麗菜	200 g
小黃瓜	¼ 條
玉米粒（罐頭、淨重）	30 g
火腿	2 片
鹽、胡椒	各少許
法式沙拉醬（→p.89）	1 大匙
黑胡椒	少許

製作方法

1 高麗菜切成 1.5 cm 方形，小黃瓜切成 1.5 cm 丁塊狀，放進碗裡，撒上鹽、胡椒，放置一段時間後，稍微把水擠乾。

2 火腿切成 1.5 cm 方形。玉米罐頭把湯汁瀝掉。

3 把步驟 **1**、**2** 的食材放進碗裡，加入法式沙拉醬和黑胡椒，充分混合，讓味道入味（**a**）。

a

混合之後立刻可以享用，但是，如果稍微放置一段時間，蔬菜就會變得柔軟，而且火腿的味道就會遍佈，變得更好吃。

美味加分！	濱內老師的話

高麗菜的內側和外側有著不同的味道和性質，所以只要分開來使用，就可以更加美味。這裡介紹的涼拌捲心菜就建議使用接近中心內側，略帶點黃色的柔嫩菜葉。這部分的菜葉帶有甜味，同時也具有清脆口感，相當適合拿來製作生食。接近外側的較硬菜葉則比較適合熱炒或燉煮。這部分的味道較濃，不會輸給口味較重的調味料。而通常會丟棄的部分，只要能夠加熱誘出本身的味道，就能夠品嚐到美味。

以起司的濃郁鮮味為基礎

起司粉雞蛋湯

1 人份
72kcal

明明完全沒有使用高湯或清湯，卻可以品嚐到濃郁鮮味。秘密就在於起司粉。雖然用普通的起司粉也可以製作，但是，如果有帕馬森起司的話，味道就會顯得更加美味。

材料（2人份）

雞蛋	1 顆
麵包粉	6 g
起司粉	2 大匙
水	1 又 ½ 杯
鹽	少許
胡椒	適量
黑胡椒	少許

製作方法

1 蛋打成蛋液，混入麵包粉和起司粉（**a**）。

2 把水放進鍋裡烹煮，在沸騰之前放進步驟 **1** 的雞蛋（**b**）。雞蛋鬆軟結塊後，輕輕地混合攪拌。

3 試味道，用鹽巴、胡椒調味，起鍋後，撒上黑胡椒。

a

因為麵包粉的顆粒裹著雞蛋和起司，所以加熱凝固後，就會呈現出散落的柔軟顆粒狀。

b

湯要煮沸至雞蛋會馬上凝固的 75～85℃。溫度如果太低，湯會變得混濁，太高溫的話，雞蛋就會失去鬆軟口感。

1人份
789kcal

簡易小黃瓜泡菜

泡菜豬肉

燕麥飯

黃豆芽湯

簡單的韓國家庭料理菜單

主菜 泡菜豬肉

副菜 簡易小黃瓜泡菜

菜色變化➡ 一味鹽醃蘿蔔（→p.101）
菜色變化➡ 高麗菜一夜漬（→p.109）
菜色變化➡ 醋漬白菜（→p.211）

湯 黃豆芽湯

菜色變化➡ 蛋花湯（→p.47）
菜色變化➡ 紫菜芝麻湯（→p.61）
菜色變化➡ 裙帶菜湯（→p.215）

主食 燕麥飯

主菜是超速配的豬肉和泡菜組合。脂肪較多的五花肉，和泡菜的酸味與辣味更是格外契合。因為主菜比較重口味，所以副菜就搭配爽口的小黃瓜泡菜。接著，只要進一步搭配上韓國的代表性湯品・黃豆芽湯，就是一桌不同於餐廳風味的家庭式朝鮮料理。而美味搭配這兩菜一湯的主食則是，在韓國當地相當普遍的燕麥飯（煮法請參考22頁）。些許的香氣和口感，讓整桌的料理更顯溫和、對味。

前置作業時程表

1小時半前	洗米，白米泡水
	↓
1小時前	開始煮飯 製作簡易小黃瓜泡菜
	↓
20分鐘前	準備泡菜豬肉的食材
	↓
15分鐘前	煮湯
	↓
上桌前	炒泡菜豬肉

營養加分！

豬肉所含的豐富維他命B1是，代謝碳水化合物的必要營養素，可以預防疲勞囤積。另外，蒜頭、蔥、韭菜的香味成分，也就是阿離胺酸，則具有促進吸收維他命B1的作用。泡菜豬肉的組合不光是味道，就連營養方面的搭配也相當絕妙。

美味關鍵！

用飯和湯製成Gukbap，也相當美味

燕麥飯只要和黃豆芽湯組合在一起，就能成為一道「Gukbap」料理。湯的韓語是「 （Guk）」，飯是「 （bap）」，合起來就是泡飯的意思。日本的燒肉店也有把湯淋在白飯上的泡飯料理，不過，韓國的普遍吃法則是把飯放進湯裡，或是把飯浸泡在湯裡面。可以品嚐到不同於單吃的味道。

泡菜豬肉

泡菜是材料，同時也是重要的調味料。鹹味、甜味、酸味和辣味、鮮味融合在一起的泡菜，讓豬肉的美味更加複雜、豐富。最後再用以酒為基底的調味料增添風味。豬肉炒得太老，會變得不好吃。要確實保留肉汁，才會更加美味喔！

材料（2人份）

豬五花肉	200 g
白菜泡菜	150 g
生香菇	4 朵
洋蔥	½ 顆
韭菜	¼ 把
鹽、胡椒	各少許
芝麻油	1 大匙
A ┌ 酒	3 大匙
├ 醬油	1 大匙
└ 砂糖	½ 小匙

製作方法

1 豬肉切成6～7mm厚的肉片（ **a** ），稍微撒上鹽、胡椒。

2 泡菜如果是切碎的狀態，就維持原狀，如果泡菜的菜葉尺寸比較大，就切成一口大小。稍微擠乾，湯汁另外放起來備用。

3 洋蔥切成7～8mm寬的月牙形。生香菇切成比洋蔥薄的薄片。韭菜切成5cm的長度。

4 平底鍋加熱後，塗上芝麻油，放進豬肉熱炒。豬肉呈現焦黃後，依序加入泡菜、生香菇拌炒，蓋上鍋蓋，把火關小，加熱3分鐘左右。

5 把A材料和泡菜的湯汁混在一起（ **b** ），稍微攪拌後，加上韭菜（ **c** ），快速拌炒在一起。

a
豬肉切成適當厚度的肉片。切得太薄，味道會被泡菜掩蓋，切得太厚則會不容易咬斷。

b
調味料的重點就是份量較多的酒。酒可以緩和泡菜的濃厚味道，讓肉更多汁。

c
最後再加上韭菜。韭菜要避免加熱太久，才能保留韭菜的口感、香氣和甜味。

美味加分！

高老師的話

在韓國，泡菜豬肉稱為「炒泡菜（김치볶음）」，是相當普遍的家庭料理。因為使用的是自家製泡菜，所以各個家庭都有各自的風格。這裡使用的白菜泡菜，就算使用市售的產品也沒有關係。泡菜只要改變，泡菜豬肉的味道也會跟著改變，所以請尋找自己喜歡的口味。用發酵較久，帶有酸味的泡菜製作，也很好吃喔！

簡易小黃瓜泡菜

1人份
52kcal

小黃瓜泡菜原本是把配料夾在小黃瓜裡醃漬，不過，這道料理則只需要拌勻就行了。明太子的鮮味和辣味恰到好處，和小黃瓜一起搭配的口感也相得益彰，正好適合讓味蕾稍作休息。也很適合當成啤酒的下酒菜。

材料（2人份）

小黃瓜 ························· 2條
蘿蔔 ····························· 80 g
胡蘿蔔 ·························· ⅓根
鹽 ······························· 適量
A ⎰ 蒜頭、薑（磨成泥）········· 各1瓣
  ⎟ 辣味明太子 ··············· ⅛塊
  ⎟ 砂糖 ······················· ½大匙
  ⎱ 辣椒絲 ····················· 適量

a 為保留口感，小黃瓜要切成2cm厚。確實搓揉，讓鹽吸收後，把水分瀝乾。

製作方法

1 小黃瓜切成2cm厚的塊狀，撒上1小匙鹽搓揉（a），在上面擺放重物，靜置30分鐘後，把水分擠乾。蘿蔔、胡蘿蔔切成細條，撒上½小匙的鹽搓揉，放置5分鐘後，擠乾水分。

2 材料A的明太子要刮出內容物，去除薄皮，準備1大匙備用。

3 把步驟 **1** 的食材放進碗裡，依序加入A材料，充分拌勻。

| 美味加分！ | 高老師的話 |

簡易小黃瓜泡菜的關鍵在於泡菜風味的材料。香料可以使用蒜頭、薑、辣椒粉來取代鹽味的明太子，正統泡菜所不可欠缺的水果則可用砂糖來取代。

黃豆芽湯

1人份
71kcal

黃豆芽和小丁香魚熬出的溫和味道，滲入心底。因為還可以品嚐到小丁香魚，所以會有飽足感，鈣質不足的時候也可以來上一碗。

材料（2人份）

黃豆芽 ························· 150 g
小丁香魚 ······················ 20 g
酒 ······························· 1大匙
水 ······························· 3杯
A ⎰ 鹽 ··························· ½小匙
  ⎟ 醬油 ······················· 少許
  ⎱ 蒜頭（磨成泥）··········· ½瓣
萬能蔥（蔥花）··············· 適量
辣椒粉 ·························· 適量

※辣椒粉使用韓國產（中粒）的種類（p.162）。

製作方法

1 小丁香魚去除內臟。

2 把水和小丁香魚放進鍋裡烹煮，加入酒，煮3～4分鐘。

3 加入黃豆芽（a），蓋上鍋蓋，撈除浮渣，持續煮5～6分鐘（b）。

4 黃豆芽變軟後，加入A材料，煮開後就可以起鍋，最後再撒上蔥花和辣椒粉。

a 黃豆芽把根去掉，口感會比較好。黃豆所含的蛋白質會溶入湯裡。

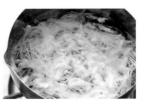

b 煮出小丁香魚的味道後，放進黃豆芽繼續烹煮。藉由魚貝類和黃豆味道的混合，增添濃郁度。

豬肉

1人份
948kcal

豬五花的
紅白蘿蔔湯

白菜炒榨菜

白飯

回鍋肉

一次完成兩道的中華菜單

主菜	# 回鍋肉

副菜	# 白菜炒榨菜

菜色變化 ➔ 涼拌蕪菁蕃茄（→p.47）
菜色變化 ➔ 芹菜炒腰果（→p.147）
菜色變化 ➔ 炒馬鈴薯絲（→p.151）

湯	# 豬五花的紅白蘿蔔湯

菜色變化 ➔ 蛋花湯（→p.47）
菜色變化 ➔ 紫菜芝麻湯（→p.61）
菜色變化 ➔ 榨菜豆腐湯（→p.101）

主食	# 白飯

回鍋肉是餐桌上經常出現的家常菜，可以吃到嚼勁十足的豬五花、甘甜的高麗菜和濃郁的風味，是相當適合下飯的組合。這道料理的主角是油脂豐富的豬五花，所以副菜和湯品都要採用大量的蔬菜。在營養均衡的同時，還可以運用蔬菜的淡味，讓味蕾稍做休息。湯品的高湯直接利用回鍋肉的湯汁來製作。一次準備就可以製作出兩道料理，方便又快速。

前置作業時程表

前置作業	煮豬五花，放涼備用
↓	
1小時半前	洗米，白米泡水
↓	
1小時前	開始煮飯
↓	
25分鐘前	把主菜、副菜、湯品的材料切好
↓	
15分鐘前	開始煮湯 炒白菜和榨菜
↓	
10分鐘前	炒回鍋肉

▌營養加分！

據說時令蔬菜有許多身體在該季節最想攝取的成分。副菜所使用的白菜，務必在冬天使用。春天則建議改用竹筍，夏季用小黃瓜，秋天則可以用胡蘿蔔。湯所使用的蔬菜也可以使用帶有甜味的洋蔥或白菜、蓮藕等來取代。

美味關鍵！

做起來備用的超便利水煮豬肉&湯

「回鍋肉」使用的水煮豬肉（→p.44），只要在假日等時候製作起來備用，就會相當便利。煮豬肉的湯本身也是美味的肉湯，所以只要用來烹煮蔬菜等食材，就又可以製作出另一道美味料理。水煮豬肉可以整塊用保鮮膜包起來，在冰箱裡冷藏3天，所以就算多做一點起來備用，也沒有問題。肉湯可以裝進夾鏈密封袋冷凍備用。要使用時，只要把要使用的量解凍就行了。可說是相當好用的食材。

另一道水煮豬肉 雲白肉

切成超薄片，有著柔嫩口感的水煮豬肉，搭配水嫩的小黃瓜一起品嚐的道地中華料理。只要有水煮豬肉，就能快速上桌的副菜。

製作方法（2人份）
½條小黃瓜和¼根胡蘿蔔縱切成薄片後泡水，讓食材產生清脆口感。把200g的水煮豬肉切成薄片，裝盤。淋上適量的沾醬（醬油、甜麵醬各4大匙、醋2小匙、辣油4小匙、蒜末2小匙）。

回鍋肉

稍有厚度的豬肉口感十足！為了讓焦香的豬肉和半熟的甘甜高麗菜一起入口時，能有更協調的口感，高麗菜就切大塊一點吧！

材料（2人份）

豬五花肉	準備400 g
高麗菜	150 g
蒜頭	1瓣
豆瓣醬	½大匙
甜麵醬	1小匙
豆豉	½小匙
醬油	½小匙
酒	1小匙
沙拉油	2大匙
水	2 ℓ

製作方法

1 把豬五花肉和水放進鍋裡，煮沸後，用微滾的火侯持續烹煮20分鐘（**a**）。

2 把步驟 **1** 的豬肉取出放在調理盤上，湯汁用鋪了紙巾的濾網過濾。分別放涼之後，把一半的豬肉切成 5 mm厚的肉片（剩下的一半留下來給「豬五花的紅白蘿蔔湯」使用）。

3 高麗菜切成較大的一口大小，蒜頭切成薄片。豆豉切碎。

4 平底鍋用沙拉油預熱，步驟 **2** 的豬肉翻炒5～6分鐘，直到呈現焦黃（**b**）。加入蒜頭拌炒，再混入豆瓣醬、甜麵醬。加進豆豉，最後再用醬油、酒調味。

5 最後放進高麗菜拌炒（**c**）。

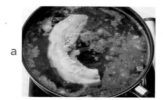

a 火侯要維持在微滾的狀態。火侯太小，裡面不會熟透；太大的話，肉湯則會混濁。

b 豬肉炒出香氣的同時，也會溶出油脂。這些溶出的油脂相當鮮甜，要直接使用，不要丟棄。

c 只要讓高麗菜裹上殘留在平底鍋上的調味料就OK了。趁菜葉未變軟的時候盛盤。

美味加分！

小林老師的話

炒水煮豬肉的時候，必須花上更長的時間。這樣不僅能散發出豬肉的香氣，豬肉的腥味也會揮發，使肉的鮮味更加明顯。為了增添料理的濃郁口感，中華料理經常採用大豆發酵而成的豆豉（照片）。雖然味道並不強烈，但是，豆子的濃郁和發酵的複雜鮮味具有提味的作用，能夠使整道料理更有層次，口感更加豐富。請務必使用看看。

白色和淡綠色的清爽模樣也很可口

白菜炒榨菜

1 人份
173kcal

有著淡淡甜味的白菜梗，和形成溫和鮮味與鹹味的「味覺來源」‧榨菜。兩種食材簡單拌炒而成的絕妙味道，讓人百吃不膩。輕快翻炒，炒出蔬菜的美味吧！

材料（2人份）

白菜（白色菜梗部分）………	4片左右
榨菜※ ………………………	120 g
紅辣椒 …………………………	1條
水 ……………………………	1大匙
酒 ……………………………	1大匙
醬油 …………………………	少許
芝麻油 ………………………	少許
沙拉油 ………………………	2大匙

※這裡使用鹽漬的榨菜。也可以用調味好的罐頭榨菜。

製作方法

1 白菜縱切成10cm長的條狀，榨菜切成較粗的條狀（ a ）。

2 平底鍋用沙拉油預熱，把紅辣椒和榨菜放入，炒出香氣（ b ）。

3 混入白菜，淋上水和酒，白菜稍微變軟後，加入醬油和芝麻油拌炒。

a

白菜（左）的切法是關鍵。只要沿著纖維縱切，就算加熱仍可以保留清脆口感，咬勁就會比較明顯。榨菜（右）也要切齊。

b

榨菜會在翻炒過程中溶出鹹味，讓料理的味道更有層次。

用「回鍋肉」的豬五花肉湯做出另一道料理！

豬五花的紅白蘿蔔湯

1 人份
116kcal

只要用充滿豬肉甜味的高湯烹煮根莖蔬菜，就能製作出略帶甘甜的味道。然後，最後加上的花椒，散發出撲鼻的清爽香氣，入口後的餘韻令人驚嘆。

材料（2人份）

「回鍋肉」的豬五花肉湯 ………	3杯
「回鍋肉」的水煮豬肉 ………	30 g
胡蘿蔔（小）…………………	1根
蘿蔔 …………………………	5cm
長蔥 …………………………	½根
薑 ……………………………	1瓣
花椒（粒）……………………	10粒
鹽 ……………………………	1小匙
酒 ……………………………	2大匙

製作方法

1 胡蘿蔔和蘿蔔切成較小的滾刀塊。

2 把豬五花肉湯倒進鍋裡，放入步驟 1 的食材，用中火烹煮至微滾的狀態。

3 蘿蔔和胡蘿蔔熟透之後，把剩下的材料全丟進去，稍微烹煮一下即可。

1人份
541 kcal

蛋花湯

涼拌蕪菁蕃茄

青椒肉絲

白飯

前置作業時程表

1小時半前	洗米，白米泡水 ↓
1小時前	開始煮飯 把主菜、副菜、湯品的材料切好 ↓
20分鐘前	牛肉預先調味 ↓
10分鐘前	開始煮湯 用調味料拌勻副菜的材料 ↓
5分鐘前	炒青椒肉絲

■ 營養加分！

夏季蔬菜的代表・青椒所含的豐富維他命C有助於防曬。另外，也含有維他命P，這個成分可以避免維他命C因加熱而流失，所以就算加熱，維他命C也不容易遭到破壞。

小林武志老師傳授

中華家常小炒菜單

主菜	**青椒肉絲**
副菜	**涼拌蕪菁蕃茄** 菜色變化 ➡ 薑汁茄子（→p.65） 菜色變化 ➡ 一味鹽醃蘿蔔（→p.101）
湯	**蛋花湯** 菜色變化 ➡ 中式玉米湯（→p.65） 菜色變化 ➡ 榨菜豆腐湯（→p.101）
主食	**白飯**

原本的青椒肉絲是把肉和青椒切成絲，這裡則是把青椒和肉絲切成大塊，改成連初學者都可以輕鬆製作的方法。除了視覺上更有份量感之外，吃的時候也會更有彈牙口感。讓味蕾稍作休息的副菜則是運用食材特性的簡單料理，最後再加上任何料理都對味的蛋花湯。滑溜的柔順口感，和主菜、副菜的清脆口感十分搭調。

盡情享受肉的鮮味和青椒口感

青椒肉絲

1 人份
254kcal

不過油、不放蒜頭和薑，唯一的中華風味只有蠔油。把食材切成大塊，再用大火快炒，透過牛肉的軟嫩、鮮甜，以及青椒的脆嫩和略苦的香氣，品嚐最正統的美味。

材料（2人份）

牛肉瘦肉	………………………	150 g
青椒	………………………	4顆
A	酒	1小匙
	醬油	⅔小匙
	鹽	少許
B	醬油	1大匙
	雞湯（→p.63）	1大匙
	酒	2小匙
	蠔油	2小匙
	太白粉水	½～1小匙
沙拉油	………………………	2大匙

製作方法

1 牛肉（**a**）切成5～6mm厚，容易食用的大小，並預先用A材料調味。

2 青椒縱切成4等分（**b**）。B材料充分混合備用。

3 平底鍋預熱，塗上沙拉油，油變熱之後，把步驟 **1** 的牛肉放進鍋裡，用大火快炒。肉的兩面都呈現焦黃之後，改用中火，把肉炒熟，同時要一邊注意避免炒焦。

4 加入青椒，用大火快炒。青椒快熟的時候，一邊混入A材料，快速拌炒。

a

牛肉不要使用肉片，肉塊比較不會讓肉汁流失。只要切斷纖維，口感就會變得比較柔嫩。

b

青椒切成大塊，口感會比較好。因為比切絲更容易熟透，所以會比較多汁。

紅白的色彩使餐桌變得明亮

涼拌蕪菁蕃茄

1 人份
70kcal

略帶清香的魚露是調味的重點。甜味和鹹味均衡又濃厚，光是這樣的調味，就能夠製作出簡單的料理風味，同時品嚐到大量的水嫩蔬菜。

材料（2人份）

蕪菁（中）	………………………	2顆
蕃茄（中）	………………………	1顆
A	沙拉油	2小匙
	鹽	½小匙
	砂糖	⅓小匙
	醬油	⅓小匙
	魚露	½小匙

製作方法

1 蕪菁切成約3mm厚的銀杏切。

2 蕃茄挖掉蒂頭，縱切成8等分的梳形切。

3 把步驟 **1** 的蕪菁和步驟 **2** 的蕃茄放進碗裡，依序加入A材料（**a**），反覆攪拌。放置5分鐘，使調味料入味，瀝掉水分後，裝盤。

a

魚露是鹽漬小沙丁魚所發酵而成的泰式魚醬。擁有強烈的甜味和獨特的香氣。

只要勾芡，雞蛋就會變得鬆軟

蛋花湯

1 人份
49kcal

帶鹹味的湯，再加上柔嫩的雞蛋就完成了。因為簡單，所以不會妨礙到主菜或副菜的味道，任何料理都適合搭配。最後再用長蔥和芝麻來增添口感和香氣。

材料（2人份）

雞蛋	………………………	1顆
長蔥（蔥花）	………………………	適量
白芝麻	………………………	適量
雞湯（→p.63）	………………………	3杯
A	鹽	1小匙
	酒	1小匙
	胡椒	少許
太白粉水	………………………	1又½大匙

製作方法

1 把雞湯倒進鍋裡，煮沸之後，加入A材料調味。

2 步驟 **1** 的湯沸騰後，加入太白粉水，充分混合後，再次煮沸，製作出些微勾芡的感覺。

3 蛋打成蛋液，一邊用湯匙攪拌湯，一邊從離鍋緣高20 cm的位置，倒入蛋液，讓雞蛋如細絲般擴散。倒入蛋液的期間，要一邊讓湯微滾。雞蛋熟透之後，起鍋，再撒上長蔥和芝麻。

白飯

雜燴湯

浸菠菜

炸雞肉佐甜蔥醬

受歡迎的大份量菜單

主菜	# 炸雞肉佐甜蔥醬

副菜 **浸菜**

菜色變化➔ 高麗菜鹽昆布沙拉（→p.29）
菜色變化➔ 烤白蘆筍（→p.85）
菜色變化➔ 麻油拌豆芽白菜（→p.143）

湯 **雜燴湯**

菜色變化➔ 香菇湯（→p.75）
菜色變化➔ 蕃茄金針菇蛋花湯（→p.104）
菜色變化➔ 蘘荷蛋花湯（→p.193）

主食 **白飯**

利用加了洋蔥的酸甜醬料，為大家最喜歡的炸雞肉增添變化。副菜搭配餐桌上常見的燙青菜，湯則是由根莖蔬菜和豆腐所製成，份量十足的雜燴湯。不論是味道或營養，全都相當均衡，就算是食量較大的孩子也能夠獲得滿足的大份量菜單。主菜和副菜是不分季節的家常料理，所以請務必把它納入自己的拿手菜清單中。另外，可以攝取到大量蔬菜，同時也能夠當成菜餚的雜燴湯，就算是隔天仍舊相當美味，所以可以多做些起來備用，當成隔天的早餐。

前置作業時程表

前置作業	煮高湯
	↓
1小時半前	洗米，白米泡水
	豆腐瀝乾
	↓
1小時前	開始煮飯
	製作浸菜
	↓
30分鐘前	雞肉預先調味
	開始製作甜蔥醬
	↓
20分鐘前	製作雜燴湯
	↓
上桌前	炸雞肉

營養加分！

雞肉含有優質蛋白質，在藥膳當中被視為可溫熱身體、補充活力的食材。這道料理的香氣和酸味可以挑起食慾，所以疲累而缺乏食慾的時候相當適合品嚐。另外，菠菜所含的豐富 β 胡蘿蔔素可以使皮膚和黏膜常保健康，同時還含有鈣質和鐵質。

美味關鍵！

炸雞肉多做點起來帶便當

受歡迎的炸雞肉和燙青菜如果多做一點起來帶便當，肯定也很令人開心。炸雞要在前一晚炸好，淋上甜蔥醬，再把水分瀝乾，裝進便當盒裡。浸菜只要在裝進便當盒之前，先鋪上柴魚片，就可以吸收水分。照片中的便當則還另外搭配了厚煎雞蛋（→p.178）、牛蒡胡蘿蔔絲（→p.77）、牛蒡伽羅煮（→p.67）。

炸雞肉佐甜蔥醬

雞肉塗滿太白粉後，用手握緊，放進油鍋裡。這是炸出美味雞肉的訣竅。炸好後，趁熱淋上醬料，讓味道滲入雞肉中，就可以呈現出清爽的口感。

材料（2人份）

雞腿肉	1大片（約300ｇ）
鹽、胡椒	各少許
A ┌ 醬油	2大匙
├ 酒	1大匙
└ 檸檬汁	1大匙
太白粉	適量
炸油	適量
甜蔥醬	
洋蔥（切末）	50ｇ
醬油	¼杯
砂糖	2大匙
酒	1大匙
醋	1大匙
芝麻油	1小匙

製作方法

1 雞肉切成容易食用的大小，輕輕撒上鹽、胡椒。在調理盤中混合Ａ材料，放進雞肉並塗滿Ａ材料後，放置15分鐘（ **a** ）。

2 甜蔥醬的洋蔥先泡水後，充分擠乾水分，放進碗裡混入其它的材料。

3 把步驟 **1** 的湯汁瀝乾，塗滿太白粉（ **b** ），用手把雞肉握緊（ **c** ），放進滾燙至160～170℃的油鍋裡酥炸（ **d** ），再把油瀝乾。

4 裝盤後，淋上步驟 **2** 的甜蔥醬。

a 在醃漬湯汁裡加上檸檬，就可以消除肉的腥味。如果浸泡過久，雞肉就會緊縮變硬，所以要多加注意。

b 雞肉塗滿太白粉後，只要預先排放在調理盤的另一邊，後面的作業就會更加順利。

c 放進油鍋之前，要先握緊雞肉，讓太白粉和雞肉更加緊密。這樣一來，油就不會變得混濁，同時，肉汁也比較不容易溢出。

d 油的泡泡和聲音變小後，試著用菜筷把雞肉夾起來，如果感覺重量變輕，就可以起鍋了。

美味加分！

松本老師的話

甜蔥醬可以讓炸物更加爽口，所以也可以拿來搭配其它魚貝類的炸物。洋蔥泡水之後，就可以去掉洋蔥的辛辣口感，同時讓甜味更加明顯。洋蔥要確實把水擠乾，以免淡化了甜蔥醬的味道。只要加入切片的紅辣椒，酸甜的味道就會更加扎實，同時也可以享受到不同的味道。

浸菠菜

1 人份
37kcal

把食材浸泡在調味好的高湯裡面，才是
『浸物』的正確作法。菠菜本身會釋出水
分，所以要使用口味較重的高湯，避免
讓味道變得太淡。

材料（2人份）

菠菜	½把（約150 g）
A ┌ 高濃度的高湯（→p.23）	½ 杯
├ 淡口醬油	2小匙
├ 酒	2小匙
└ 味醂	2大匙

製作方法

1 用大量的熱水汆燙菠菜。菠菜
變軟、色澤變鮮豔後，泡一下冷
水，讓菠菜快速冷卻。

2 確實去除步驟 **1** 的菠菜的水
分，切成 4 cm 長後，進一步擠乾水
分。

3 A材料混合之後，放進步驟 **2**
的菠菜，浸泡30分鐘，讓味道充分
入味（ **a** ）。

a

浸泡時間約30分鐘。光靠攪拌
沒辦法讓味道完全滲入，浸泡太
久則會讓顏色變差。

雜燴湯

1 人份
155kcal

配菜用油充分炒過後燉煮，製作出充滿
油香的美味湯品。在沙拉油裡加上芝麻
油，增添更多香氣。因為美味隔天仍舊
不會流失，所以這裡要介紹較多份量的
做法。

材料（較容易製作的份量）

生香菇	3朵
胡蘿蔔	40 g
長蔥	1根
白蘿蔔	50g
芋頭(中)	2個
蒟蒻	½片
木綿豆腐	½塊
高湯	4杯
沙拉油	2小匙
芝麻油	2小匙
A ┌ 醬油	⅓杯
├ 酒	¼杯
└ 味醂	¼杯

製作方法

1 生香菇去掉蒂頭，切成 1 cm
寬。胡蘿蔔切成較厚的銀杏切，長
蔥切成 1 cm 寬的蔥花。白蘿蔔切較
厚的銀杏切，芋頭切成 2～ 4 塊。

2 用鍋子把水煮沸後，放進蒟
蒻，再次煮開後，用水讓蒟蒻冷
卻，撕成一口大小。豆腐放在濾網
裡一段時間，把水瀝乾。

3 在鍋裡加熱沙拉油和芝麻油，
放進步驟 **1** 的食材、蒟蒻，確實翻
炒。豆腐一邊粗略地壓碎加入
（ **a** ），進一步翻炒，讓水分完全揮
發。

4 加入高湯，再次煮開後，加入A
材料再煮一段時間。待胡蘿蔔熟透
後就完成了。

a

豆腐用手握碎放入，充分拌炒，
去除水分。這樣就能鎖住豆腐的
鮮味。

1 人份
778kcal

鮮蝦醃泡沙拉

白飯

低油脂炸雞

豆漿濃湯

1小時半前	洗米，白米泡水 蒸煮沙拉用的鮮蝦，放涼 ↓
1小時前	開始煮飯 製作沙拉，放涼 ↓
20分鐘前	雞肉預先調味 煮湯 ↓
10分鐘前	開始炸雞肉

營養加分！

高湯中雙重使用的黃豆含有白米中所不足的氨基酸的離胺酸和食物纖維，和白飯搭配是非常合理的做法。黃豆也含有與女性荷爾蒙類似的異黃酮成分，有助於維持女性健康。

濱內千波老師傳授

低熱量的「煎炸」菜單

主菜	**低油脂炸雞**
副菜	**鮮蝦醃泡沙拉**

菜色變化 ➔ 胡蘿蔔柳橙沙拉（→p.89）
菜色變化 ➔ 半熟高麗菜沙拉（→p.93）　菜色變化 ➔ 醃泡紫甘藍（→p.218）

湯	**豆漿濃湯**

菜色變化 ➔ 青豆湯（→p.181）　菜色變化 ➔ 高麗菜濃湯（→p.203）
菜色變化 ➔ 青花菜馬鈴薯濃湯（→p.218）

主食	**白飯**

想吃炸物，可是又擔心熱量太高，而且也不喜歡油膩膩的感覺……這種時候，就來一道只用一點點油的料理吧！副菜是使用鮮蝦的沙拉，和主菜同樣都是低熱量。鮮蝦的鮮甜能為菜色增添豐盛的感覺。黃豆和豆漿所製成的湯品也相當健康。不僅美味十足，同時也能充滿飽足感。這是份減肥之餘也能品嚐美味的菜單。

低油脂炸雞

1 人份
335kcal

雖然只用一點點油燜煎，但是，不管是外觀或是口感都十分美味！ 表面香酥、裡面鮮嫩多汁，味道當然也不在話下。不僅可以抑制熱量，事後的整理也相當簡單。調味的關鍵是鹽分的量。以略濃的 1.5% 來進行調味，就可以提升味道的滿足感。

材料（2人份）

雞腿肉	1 大片（約300 g）
A 鹽	½ 小匙
胡椒	少許
薑汁	1 大匙
醬油	½ 大匙
太白粉	3 大匙
沙拉油	½ 大匙
檸檬	適量

製作方法

1 雞肉去除脂肪，擦乾水分，切成一口大小，放進碗裡，依序加入 A 材料，搓揉入味。

2 平底鍋加熱後，塗上沙拉油，把步驟 **1** 的雞肉的雞皮朝下，擺放入平底鍋，蓋上鍋蓋（**a**），用較小的中火燜煎。偶爾把堆積在鍋蓋內側的蒸氣擦乾，避免蒸氣的水分殘留在雞肉上。待雞皮變得酥脆後翻面（**b**），一邊觀察雞肉的狀態，煎煮6～7分鐘。

3 最後，掀開鍋蓋，開大火，煮乾水分後裝盤，附上檸檬。

鍋蓋要使用緊密的類型。確實燜煎後，熱氣就會囤積在鍋裡，使火侯更加平均。

太白粉會吸收油和雞肉釋出的油脂，所以可以煎出酥脆的口感，煎煮的期間不要挪動雞肉。

美味加分！	濱內老師的話

這種炸雞的最大特色就是不容易讓廚房變髒汙。油渣和炸油通常都得花費許多時間整理，但是，如果以燜煎的方式，只要清洗平底鍋就 OK 了。在省去善後時間的同時，還可以把更多時間花費在副菜的料理上。

鮮蝦醃泡沙拉

1 人份
114kcal

水煮鮮蝦只要利用帶殼狀態下的餘熱加溫，蝦肉就不會變得乾柴，鮮味也不會流失。混入材料稍微放涼後，善用洋蔥和蕃茄的美味，讓鮮蝦更添風味。

材料（2人份）

鮮蝦（帶殼去頭）	6 尾
小黃瓜	1 條
洋蔥	¼ 顆
小蕃茄	8 顆
A 鹽	1 小撮
酒	1 大匙
B 鹽	少於 ½ 小匙
胡椒	適量
橄欖油	1 大匙
檸檬汁	1 小匙

製作方法

1 鮮蝦在帶殼狀態下去掉沙腸，清洗乾淨後擦乾，放進小鍋裡。加入 A 材料，蓋上鍋蓋，開中火。在中途翻面，待整體變色之後，關火（**a**），在蓋著鍋蓋的狀態下放涼。取出後，把蝦殼剝掉，切成一半。

2 小黃瓜切成5～6mm厚的片狀，洋蔥切末，小蕃茄切成一半。

3 把步驟 **1** 的鮮蝦和步驟 **2** 的食材放進碗裡，充分混合後，放進冰箱裡冷卻，使味道充分混合。

鮮蝦不要煮太熟是鐵則。快速煮過，用餘熱使蝦子熟透，就可以預防蝦肉變得乾柴，同時保留鮮味。

豆漿濃湯

1 人份
161kcal

宛如品嚐到柔嫩豆腐般的濃醇美味。利用黃豆和火腿的鮮味，製作出味道的層次。只要一個鍋子就能輕鬆製作，這同時也是這道料理的魅力所在。

材料（2人份）

黃豆（罐頭・淨重）	100 g
豆漿（原味）	1 杯
火腿	1 又 ½ 片
洋蔥	20 g
鹽	少許
胡椒	適量

製作方法

1 火腿、洋蔥切末。火腿留下少部分，作為最後裝飾時使用。

2 把步驟 **1** 的食材、黃豆、豆漿放進攪拌機攪拌，待汁液變得柔滑後，倒進鍋裡，用較小的中火煮開後，加入鹽、胡椒調味。如果火侯太強，湯就會溢出來，所以要多加注意。裝盤後，在上面撒上裝飾用的火腿。

豆漿過濃的時候，只要加水稀釋，就會比較順口。

1 人份
576kcal

花蛤培根高麗菜湯

菠菜蘋果沙拉

蔬菜可樂餅

白飯

營養滿點的可樂餅菜單

主菜	# 蔬菜可樂餅
副菜	# 菠菜蘋果沙拉

菜色變化 ➡ 涼拌捲心菜（→p.37）
菜色變化 ➡ 胡蘿蔔柳橙沙拉（→p.89）
菜色變化 ➡ 普羅旺斯雜燴（→p.181）

湯	# 花蛤培根高麗菜湯

菜色變化 ➡ 蕃茄湯（→p.33）
菜色變化 ➡ 高麗菜濃湯（→p.203）
菜色變化 ➡ 豐富蔬菜湯（→p.207）

主食	# 白飯

馬鈴薯可樂餅是非常受歡迎的菜餚。如果除了絞肉外，再混入大量的蔬菜，就能成為營養滿點的菜色。因為事前已經確實調味，所以不需要任何沾醬，直接品嚐就相當美味。搭配可樂餅的高麗菜則改變成簡單的湯品。這樣就可以節省料理時間，輕鬆製作出兩菜一湯。主菜不搭配生菜，而用色彩鮮豔的沙拉來取代。藍乾酪的濃郁氣味挑逗食慾，同時也是這份菜單的重點所在。

前置作業時程表

前置作業	製作可樂餅的餡料，放涼
	↓
1小時半前	洗米，白米泡水
	花蛤吐沙
	↓
1小時前	開始煮飯
	↓
20分鐘前	沙拉的事前準備
	製作可樂餅，裹上麵衣
	煮湯
	↓
上桌前	炸可樂餅
	把沙拉的蔬菜和沙拉醬拌勻

營養加分！

誠如『蘋果紅了，醫生的臉就綠了』這句話所說的，蘋果是相當健康的食材。其中最受矚目的就是名為蘋果多酚的成分。據說脂肪只要和蘋果一起吃，蘋果多酚就可以抑制脂肪的吸收。也難怪炸物上桌時，多半都會隨附上蘋果。

美味關鍵！

輕鬆製作，
不需要清湯的簡單菜單

只要能夠簡單製作出美味的湯品，每天的料理就會變得輕鬆。只要善用食材的鮮味，就不需要高湯或是清湯。例如，含有麩胺酸這種甜味成分的高麗菜就是其中一種。只要用60～70℃的溫度確實熬煮，就可以輕易溶出這個甜味。而介紹的菜單還加上了花蛤，可以更添鮮味。甚至，蔬菜和貝類的搭配還能產生相乘效果，更添濃郁美味。

麵衣酥脆，內餡鬆軟美味

蔬菜可樂餅

1 人份
292kcal

因為預先調味，所以不需要任何沾醬。在享受馬鈴薯本身的甜味的同時，還能實際感受到可樂餅的魅力。為了製作出鬆軟的口感，要確實瀝乾馬鈴薯和蔬菜的水分，麵包粉也要使用水分較少的乾燥類型。

材料（2人份）

馬鈴薯	2顆
洋蔥	¼顆
胡蘿蔔	30 g
芹菜	30 g
牛豬混合絞肉	50 g
鹽	多於½小匙
胡椒	適量
小麥粉（低筋麵粉）	適量
雞蛋	1顆
水	¼杯（與雞蛋同份量）
麵包粉（細粒類型。用濾網一邊壓碎過篩）	適量
炸油	適量

製作方法

1 馬鈴薯<u>不要包裹保鮮膜</u>，直接用微波爐（600W）加熱2分鐘，上下翻面後，再進一步加熱2分鐘（**a**）。<u>趁熱把皮去掉</u>（**b**），壓碎後混入一半份量的鹽、少許的胡椒。

2 洋蔥、胡蘿蔔、芹菜切末。

3 在<u>不放油</u>的情況下，把絞肉放進樹脂加工的平底鍋，用中火翻炒，待絞肉全散開後，加入步驟 **2** 的食材。一邊注意不要讓食材焦黑，一邊確實翻炒，再把剩下的鹽、少許的胡椒混入。

4 把步驟 **1** 的馬鈴薯和步驟 **3** 的食材放進碗裡充分混合，<u>放進冰箱中冷卻</u>（**c**）。取出後，把食材分成8等分，並揉捏成圓筒狀。

5 加入雞蛋和水混合。依序讓步驟 **4** 的食材裹上低筋麵粉、蛋液、麵包粉，製作出麵衣。

6 炸油加熱後，丟進麵包粉測試溫度。如果麵包粉不會沉入鍋底，會立刻浮起的話，油鍋的溫度就是適溫的180℃。步驟 **5** 的可樂餅一次放進4顆，酥炸之後（**d**），把油瀝乾。

a

不包裹保鮮膜是為了去掉水分，讓馬鈴薯變得鬆軟。如果要製作出濕潤的沙拉，則要包裹保鮮膜。

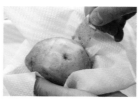

b

趁熱的時候去皮，外皮會比較容易剝除，同時，多餘的水分也會比較容易揮發。

c

如果在內餡溫熱的狀態下油炸，內餡容易在油鍋中破裂，所以要確實冷卻。只要把內餡平攤在調理盤上，並分成8等分，就能較快冷卻，也比較容易塑形。

d

因為內餡是冷的，所以不要一次把所有的可樂餅全放進油鍋裡。否則，油的溫度會下降，就無法炸出完美的可樂餅。

> 美味加分！
>
> 濱內老師的話
>
> 只要善用蛋殼，就可以輕鬆量出與雞蛋相同份量的水。混了水的蛋液會比較滑溜，就比較容易和內餡裹在一起。這份菜單的內餡有確實調味，所以不需要沾醬，就可以直接美味上桌。因為變冷後，味道也不會變淡，所以也可以拿來當成便當的配菜或三明治的配料。

菠菜蘋果沙拉

1 人份
72kcal

生的菠菜、蘋果、藍乾酪放在一起後，用手混合拌勻，利用人體的溫度使起司溶化，一邊讓味道深入食材，便是這道料理的訣竅。沙拉醬也非常適合搭配馬鈴薯或烤蔬菜。

材料（2人份）

菠菜	200 g
蘋果	½顆
沙拉醬	
藍乾酪	1大匙
醋	1大匙
醬油	1大匙
黑胡椒	適量

製作方法

1 菠菜從根部一根根摘下，清洗乾淨後，把水瀝乾（**a**），切成一口大小的段狀。

2 蘋果在帶皮狀態下切成薄的銀杏切。

3 製作沙拉醬。用較大的碗把藍乾酪搓揉成柔滑膏狀，加入醋、醬油，充分混合（**b**）。

4 把步驟 **1** 的菠菜、步驟 **2** 的蘋果放進步驟 **3** 的碗裡，快速拌勻，裝盤後撒上黑胡椒。

a

菠菜一根根摘下後，只要用橡皮筋固定，就可以確實清洗掉根部的髒汙，同時釋出乙二酸，減少辛辣味。

b

藍乾酪含有脂肪，所以不需要另外添加油類。要一邊確定乾酪的鹽分，一邊調整醬油。

花蛤培根高麗菜湯

1 人份
44kcal

除了大量的高麗菜之外，還可以品嚐到花蛤和培根的鮮味。高麗菜可以保留咀嚼口感，也可以軟爛燉煮，請依照個人喜好製作。

材料（2人份）

花蛤	100 g
培根	½片
高麗菜	200 g
水	1又½杯
鹽	適量
胡椒	少量

製作方法

1 花蛤浸泡在海水程度的鹽水（約3％）裡吐沙，把外殼充分清洗乾淨。

2 培根切末，高麗菜切成1㎝寬。

3 把步驟 **1** 的花蛤、步驟 **2** 的培根放進鍋裡，加入水（**a**），用中火煮開，撈除浮渣。

4 把高麗菜煮至軟爛程度。一邊試味道，一邊用鹽、胡椒調味。

a

高麗菜、培根、花蛤會溶出甜味，所以用清水煮湯就可以了。

咕咾肉

分蔥煎蛋

少量食材的簡易中華菜單

主菜	# 咕咾肉
副菜	# 分蔥煎蛋

菜色變化 ➔ 一味鹽醃蘿蔔（→p.101）
菜色變化 ➔ 芹菜炒腰果（→p.147）
菜色變化 ➔ 炒馬鈴薯絲（→p.151）

湯	# 紫菜芝麻湯

菜色變化 ➔ 榨菜豆腐湯（→p.101）
菜色變化 ➔ 茄子湯（→p.147）
菜色變化 ➔ 干貝萵苣湯（→p.154）

主食	# 白飯

炸得香酥的豬肉，裹上糖醋芡汁，令人熟悉的一道料理。讓酥炸的豬肉裹上溫熱芡汁是美味上桌的絕對條件。因為這個勾芡的步驟相當重要，所以副菜就採用就算不趁熱吃，仍舊十分美味的煎蛋。只要連同湯一起預先製作起來，就可以從容不迫地製作主菜。由於主菜、副菜、湯品的食材都十分少，所以看起來相當簡單，但是，只要透過巧妙的組合搭配，就可以製作出味道具有層次，同時令人滿足的菜單。

前置作業時程表

前置作業	製作雞湯
	↓
1小時半前	洗米，白米泡水
	↓
1小時前	開始煮飯
	↓
30分鐘前	製作分蔥煎蛋
	煮湯
	豬肉預先調味，切洋蔥
	↓
15分鐘前	開始製作咕咾肉

營養加分！

據說只要每天少量且持續攝取醋，就可以減少內臟脂肪及血液中的中性脂肪，腰圍尺寸也會減少。與其勉強瘦身，不如直接在料理中使用醋。不過，醋如果直接飲用，會對胃部造成刺激，所以建議用醋來調味，和食材一起品嚐。

湯 紫菜芝麻湯

這道湯的配菜和香料只有紫菜、芝麻和薑而已。所以，有時也會想在湯裡面加點蔬菜，不過這裡則略過蔬菜的使用。因為主菜咕咾肉的濃郁味道和副菜煎蛋的香氣才是這份菜單的重點。誘出這些菜的味道才是關鍵。

咕咾肉

豬肉裹上蕃茄醬風味的糖醋芡汁後，令人食指大動，同時，芡汁還能引誘出洋蔥的甜味，讓豬肉的香氣更加明顯。美味上桌的重點是豬肉的事先調味。讓調味料充分入味的同時，在周圍塗抹上雞蛋和太白粉，確實加熱之後，豬肉就會變得多汁且柔嫩。

1 人份
403kcal

材料（2～3 人份）

豬肩胛肉		250 g
洋蔥		1 顆
A	酒	1 小匙
	油	1 小匙
	鹽	⅓ 小匙
	胡椒	少許
	蛋液	½ 顆
	太白粉	3 大匙

糖醋芡汁

砂糖	4 大匙
醋	4 大匙
蕃茄醬	3 大匙
水	1 大匙
酒	2 小匙
醬油	2 小匙
鹽	少許
太白粉水	1 大匙
炸油	適量

製作方法

1 豬肉（**a**）切成一口大小，放進碗裡，依序加入 A 材料，一邊仔細搓揉。

2 洋蔥切成一口大小的梳形切。糖醋芡汁的材料充分混合備用。

3 把炸油加熱至中溫，逐一放入步驟 **1** 的豬肉，炸好之後，把油瀝乾（**b**）。

4 平底鍋加入 1 大匙的炸油加熱，放入洋蔥，用中火炒出洋蔥的香氣（**c**）。

5 再次混入攪拌糖醋芡汁的材料，芡汁呈現稠狀之後，把步驟 **3** 的豬肉放入（**d**），快速讓豬肉裹上芡汁。

a

肩胛肉帶有油花，是肉味濃郁的部位。適合咕咾肉這種口味較重的料理。

b

肉放進油鍋後，暫時不要理會，等待表面凝固之後再撈起。

c

洋蔥希望保留清脆口感，所以注意不要炒得太熟、太軟。

d

芡汁呈現稠狀後，再放入豬肉，就可以在保留豬肉酥脆的同時，裹上芡汁的美味。

雞蛋中滲入分蔥的甜味

分蔥煎蛋

250kcal

正因為料理簡單，所以更要堅守不翻動、確實香煎的步驟。分蔥的味道轉移到雞蛋裡面，就可以品嚐到香氣、甜味兼具的煎蛋。另外，只要利用在中途加油的小技巧，就可以讓煎蛋的表面更加香酥。

材料（2人份）

分蔥	3根
雞蛋	2顆
鹽	兩撮
沙拉油	3大匙
A ┌ 醬油	1小匙
└ 太白芝麻油	½小匙

製作方法

1　分蔥切成細蔥花。

2　在碗裡把蛋打成蛋液，混入步驟 **1** 的蔥花、鹽。

3　平底鍋加熱後，放入 2 大匙的沙拉油加熱，把步驟 **2** 的蛋液倒入並且攤平。快速攪拌均勻後，不要隨便翻動，仔細地慢煎。翻面之後，從鍋緣加入剩下的沙拉油，把兩面煎成焦色。

4　最後，依序從鍋緣淋入 A 材料，增加煎蛋的香氣，並且在鍋裡把煎蛋切成3～4等分後，裝盤。

> **美味加分！**　小林老師的話
>
> 煎蛋最後加入的太白芝麻油是，未經烘焙的芝麻直接榨取而成的芝麻油。無色透明、不容易氧化、劣化的太白芝麻油，可以增添更細膩的風味。在家庭裡面，也可以用它來取代沙拉油。不過，不可以使用烘焙過的深茶色芝麻油。

利用紫菜和芝麻的香氣增添層次口感

紫菜芝麻湯

17kcal

烤過的紫菜是帶有香氣和濃郁鮮味的食材。只要加在雞湯裡，就可以融合雞肉的鮮味，讓湯頭更有層次。善用薑的清淡香氣，製作出清爽口感吧！

材料（2人份）

烤紫菜（整片）	1片
白芝麻	1小匙
雞湯（→p.63）	3杯
薑（切片）	1片
A ┌ 酒	1小匙
│ 鹽	½小匙
│ 醬油	¼小匙
│ 砂糖	一小撮
└ 胡椒	少許

製作方法

1　用食物剪把紫菜剪成2～3 cm的方形。薑切成1 cm左右的四方形。

2　把雞湯、薑放進鍋裡，開火煮沸，加入步驟 **1** 的食材和A材料。

3　紫菜變軟之後，試一下味道，如果味道不夠，就再加點鹽（份量外）調味。起鍋後，撒上芝麻。

1 人份
793kcal

薑汁茄子

中式玉米湯

白飯

棒棒雞絲

小林武志老師傳授

想吃輕食主菜時的中華菜單

主菜 棒棒雞絲

副菜 薑汁茄子

菜色變化 ➡ 涼拌蕪菁蕃茄（→p.47）
菜色變化 ➡ 青椒炒小魚（→p.129）
菜色變化 ➡ 醋漬白菜（→p.211）

湯 中式玉米湯

菜色變化 ➡ 蛋花湯（→p.47）
菜色變化 ➡ 榨菜豆腐湯（→p.101）
菜色變化 ➡ 牛絞肉羹（→p.211）

主食 白飯

在蒸煮的雞肉和黃瓜上面淋上大量芝麻的麻辣醬。在中華料理中，以前菜而聞名的棒棒雞絲，只要確實製作出醬料，就可以回味無窮，成為出色的主菜。為避免有略嫌不足的感覺，副菜就用炸茄子來增添飽足感。這是相當適合下飯的味道。湯品部分也使用中華料理傳統的玉米湯。可以品嚐到玉米甜味和雞蛋的湯，也具有增加飽足感的作用。

前置作業時程表

2小時前	煮雞肉，放涼備用
	↓
1小時半前	洗米，白米泡水
	↓
1小時前	開始煮飯 製作薑汁茄子， 浸泡在調味料裡
	↓
15分鐘前	煮湯
	↓
10分鐘前	製作醬料 完成棒棒雞絲

營養加分！

雞胸肉含有豐富的咪唑二肽化合物，據說這個成分具有消除疲勞的作用，同時，馬拉松等運動選手的飲食也會攝取雞胸肉。這種成分會溶入水中，所以煮雞肉的湯也可以加以應用，千萬不可以浪費喔！

美味關鍵！

關於本書使用的雞湯

中華料理的基本高湯是雞湯。只要用雞胸肉和水，就可以輕易製作出美味的高湯（→p.64「棒棒雞絲」的做法 2 ）。而雞胸肉還可以進一步製作成另一道料理，可說是一石二鳥。這裡把雞胸肉當成「雞湯」的食材來使用，所以必須用調味料等來調味。因為顆粒或市售的固體湯塊大多含有鹽分，所以請稍微調整一下調味料。

棒棒雞絲

往往會有乾柴口感的雞胸肉，只要用餘熱煮熟，就能夠產生令人吃驚的美味！可確實品嚐到雞肉的鮮味。和雞肉絲搭配的配菜是普通的小黃瓜絲，還有手撕萵苣。除了可節省時間之外，味道和口感也相當搭調。淋上大量的濃郁醬料，享受美味吧！

1 人份
317kcal

材料（2～3人份）

雞胸肉（大）	·················	**1**片（約300ｇ）
水	·················	**1.2ℓ**
萵苣（小）	·················	½顆

醬料

	醬油	·········	4大匙
A	砂糖	·········	1又½大匙
	醋	·········	1小匙
	麻醬※	·········	3大匙
B	芝麻油	·········	1大匙
	辣油	·········	2小匙
	長蔥（切末）	·········	3大匙
C	薑（切末）	·········	多於1小匙

※ 又稱為麻醬，白芝麻磨碎後，混進熱油裡面的中國調味料。

製作方法

1 雞肉去皮，並去除脂肪。

2 把指定份量的水放進鍋裡煮沸，放入步驟 **1** 的雞胸肉，再次煮沸後，把火關掉，蓋上鍋蓋，放置 15 分鐘，用餘熱把雞肉悶熟。把肉取出，在包裹著保鮮膜的狀態下，讓雞肉冷卻至常溫（ **a** ）。煮肉的湯則要過濾後備用（ **b** ）。

3 製作醬料。在碗裡混合 A 材料，溶入砂糖。B 材料的麻醬攪拌後，重疊在 A 材料的上方，接著再依序重疊上芝麻油和辣油（ **c** ）。再進一步依序重疊上 C 材料（ **d** ）。

4 雞肉撕成細絲，裝盤，附上撕成適當大小的萵苣。醬料不要攪拌，要從底下撈起淋上。

a 用餘熱悶熟的雞胸肉要進一步用保鮮膜包裹，預防水分蒸發。

b 烹煮雞胸肉的湯汁，可用來煮湯，也可以當成料理的調味料。可作為美味的雞湯使用。

c 重疊醬料材料時，要慢慢地倒入，避免混入下方的調味料。

d 醬料完成。這種帶有層次的味道，和混合之後的味道完全不同，可以品嚐到各不相同的個性風味。

冷熱都好吃

薑汁茄子

1 人份
129kcal

把剛炸好的熱茄子浸泡在調味料裡，使味道充分入味。因為使用了大量的薑，所以會產生很棒的香氣，引誘出食慾。稍微浸泡後，趁溫熱的時候品嚐，或是暫時浸泡，變涼之後再上桌，都相當美味。

材料（2人份）

茄子	2條
A 醬油	4大匙
醋	4大匙
雞湯（→p.63。或水）	1大匙
薑（切末）	1大匙
砂糖	½小匙
芝麻油	⅙小匙
炸油	適量

製作方法

1 茄子切成一口大小的滾刀塊。在調理盤中混合A材料，充分攪拌後備用。

2 炸油加熱至180℃，放進茄子，快速油炸，剖面呈現焦黃色後，把油瀝乾，並馬上倒入A材料的調理盤中，讓茄子裹上調味料，直接放置浸泡。

3 入味後，裝盤。

享受玉米的甜味和顆粒口感

中式玉米湯

1 人份
179kcal

把罐頭玉米放進攪拌機攪拌，讓玉米變得滑嫩的同時，還要保留一些顆粒感。蛋液只要在湯勾芡之後再加入，就可以讓雞蛋如細絲般擴散，產生鬆軟的口感。

材料（2人份）

玉米（罐頭）	½罐（210g）
蛋液	½顆
長蔥（切末）	多於1大匙
雞湯（→p.63）	1杯
A 酒	½大匙
鹽	½小匙
砂糖	¼小匙
胡椒	少許
沙拉油	1大匙
太白粉水	2大匙

製作方法

1 玉米罐頭（a）要整罐放入攪拌機，攪拌至滑潤程度。也可以依照個人喜好，保留一些較粗的顆粒。

2 把沙拉油放進鍋裡加熱，用中火拌炒一半份量的長蔥，加入雞湯和A材料。

3 加入步驟 **1** 的玉米和太白粉水，一邊攪拌加熱，讓湯呈現出略稠的狀態。用湯勺一面攪拌，一面倒入蛋液，使雞蛋如細絲般擴散。裝盤後，撒上剩下的長蔥。

a

玉米罐頭要整罐倒進攪拌機攪拌。可以保留些許顆粒口感，也可以攪拌至滑潤程度。

1 人份
804kcal

營養加分！

主菜使用了起司，湯則使用了大量的牛奶和乳製品。乳製品是補充優質蛋白質和鈣質的食材。另外，乳製品還含有名為色胺酸的氨基酸，據說可以幫助熟睡。

牛蒡伽羅煮

香煎牛肉冷盤煮

馬鈴薯火腿濃湯

松本忠子老師傳授

牛肉份量十足的菜單

主菜	**香煎牛肉冷盤**
副菜	**牛蒡伽羅煮**
	菜色變化➔ 牛蒡胡蘿蔔絲（→p.77）
	菜色變化➔ 胡蘿蔔拌芝麻（→p.167）
湯	**馬鈴薯火腿濃湯**
	菜色變化➔ 高麗菜濃湯（→p.203）
	菜色變化➔ 青花菜馬鈴薯濃湯（→p.218）
主食	**白飯**

份量十足的牛肉冷盤，配上帶點酸味的醬料，格外爽口！和濃醇的濃湯相當搭調。這樣的組合再加上醬油味的伽羅煮，就能成為適合搭配白飯的菜單。如果主菜的牛肉還有剩餘，隔天可以拿來製成沙拉或是三明治。這樣又會有別開生面的全新美味。

盡情品嚐紅肉的鮮味！

香煎牛肉冷盤

1人份 347kcal

牛肉就使用脂肪較少，柔嫩且味道濃郁的臀肉吧！一起煎烤的小洋蔥，香甜又多汁，生蘑菇的口感也相當棒，為這道料理增色許多。

材料（較容易製作的份量）

牛臀肉※	400 g
鹽、胡椒	各適量
小洋蔥	20顆
蘑菇	7朵
檸檬汁	適量
西洋菜	1把
帕馬森乾酪	適量
香蒜（市售品）	適量
醬料	
橄欖油	3大匙
檸檬汁	3大匙
蒜頭（切末）	1小匙
刺山柑	2大匙
鹽、胡椒	各適量

※牛肉至少要準備400 g的份量。如果份量太少，容易煎得過熟，比較難拿捏火候。

製作方法

1 讓牛肉恢復成室溫，確實塗抹上鹽、胡椒。小洋蔥去皮，把根部切除。要注意避免讓小洋蔥散開。

2 把步驟 **1** 的牛肉放在烤網上，把肉的表面烤至焦黃，小洋蔥也要烤出焦色。取出後，完全放涼（ a ）。

3 蘑菇切成薄片，淋上檸檬汁，防止蘑菇變色。西洋菜在水裡浸泡後，瀝乾水分。帕馬森乾酪用刨刀等道具削成薄片。

4 將醬料的材料充分混合。

5 把步驟 **2** 的牛肉切成薄片，擺放在盤上，再搭配上小洋蔥、蘑菇、西洋菜、起司，最後再撒上香蒜，淋上步驟 **4** 的醬料。

a

把表面整體烤成焦黃色。直接利用餘熱煎烤出三分熟的熟度。

充滿鹹甜味和
牛蒡香氣的餘韻

牛蒡
伽羅煮

1人份 138kcal

所謂的伽羅煮就是讓醬油確實滲入食材，燉煮出濃郁色彩的燉煮，顏色看起來就像是沉香（伽羅）一般。因為可以長時間存放，所以可以多做點起來備用，當成便當的配菜，也可以作為下酒菜或茶泡飯的配菜。

材料（容易製作的份量）

牛蒡（較細的種類）	3根（約300 g）
A　醬油	½ 杯
高湯	⅓ 杯
酒	⅓ 杯
味醂	⅓ 杯
砂糖	1大匙

製作方法

1 牛蒡用鬃刷確實清洗乾淨，如果有鬚根，就要加以切除。在帶皮的狀態下，切成1 cm左右的丁塊狀，放進醋水（份量外）裡浸泡20分鐘，去掉澀味後，用濾網撈起，瀝乾水分。

2 在鍋裡混合A材料，煮開之後，加入步驟 **1** 的牛蒡，蓋上鍋蓋，再用較小的中火燉煮15分鐘。

3 掀開鍋蓋，改用略強的火，偶爾用菜筷翻動，一邊燉煮，一邊注意避免牛蒡燒焦。等湯汁快燒乾的時候，就可以起鍋了（ a ）。放進冰箱裡保存，大約可存放2星期左右。

a

把表面整體烤成焦黃色。直接利用餘熱煎烤出三分熟的熟度。

美味加分！	松本老師的話

像伽羅煮這樣的常備菜，只要有時間的話，就預先製作起來備用吧！因為忙碌而必須買市售的家常菜當晚餐時，如果有這種親手做的常備菜，餐桌就不會顯得太冷清了。

馬鈴薯的滑順口感

馬鈴薯
火腿濃湯

1人份 151kcal

有某種懷舊味道的湯。光是搭配麵包就可以當成早餐或午餐，只要多做一點起來備用，隔天也能品嚐。

材料（較容易製作的份量）

馬鈴薯	2顆
火腿	50 g
洋蔥	½顆
奶油	½大匙
A　湯塊	1塊
月桂葉	1片
牛奶	2杯
鹽、胡椒	各少許
萬能蔥（蔥花）	適量

製作方法

1 馬鈴薯切成較小的滾刀塊，煮軟之後，趁熱的時候壓碎。

2 火腿、洋蔥切末。

3 把奶油溶入鍋裡，放進步驟 **2** 的食材拌炒。洋蔥熟透後，加入熱水 ½杯、A材料，烹煮一段時間，讓所有食材融合在一起。

4 加入步驟 **1** 的馬鈴薯、牛奶，溫熱後，試一下味道，用鹽、胡椒調味。

5 取出月桂葉，倒進碗裡，撒上萬能蔥。

為肉類菜單多加一道

季節性簡單蔬菜小碟

指導／野崎洋光

二杯醋蜂斗菜

製作二杯醋。在小鍋裡放進1醋：1醬油，煮開後，放涼。2根蜂斗菜撒鹽巴，在砧板上搓揉，煮2～3分鐘後，去皮，切成5cm長。裝盤，淋上適量的二杯醋，再撒上適量的白芝麻。

蠶豆拌蛋黃醋

先製作蛋黃醋。在碗裡放進蛋黃3顆、醋和砂糖各1大匙、淡口醬油1小匙，用打泡器一邊混合，一邊隔水加熱，等蛋黃醋呈現稠狀後，就可以放涼。適量的蠶豆去掉薄皮，用鹽水煮過後，用適量的蛋黃醋拌勻。

春

土當歸拌梅肉

⅓根的土當歸去掉較厚的皮，切成滾刀塊，在醋水裡浸泡後，瀝乾水分。1大匙梅肉、1小匙醬油混合後，和土當歸拌勻。

鹽拌蕪菁

100g蕪菁切成較薄的半月切，葉子部分切成小口切。放進碗裡，用¼小匙的鹽巴搓揉，放置5分鐘後，擠乾水分。

68

以肉類料理為主菜時，副菜和湯品就要採用大量的蔬菜。如果還希望吃到更多蔬菜時，就再增加一道這裡所介紹的簡單蔬菜小盤吧！使用當季蔬菜，也可以順道增添季節感。（份量全都是容易製作的份量）

豆芽甜椒拌辣椒醋

100 g 的豆芽用熱水汆燙15秒後，確實瀝乾水分。紅、黃、綠色的青椒各¼顆，切成5mm寬，用鹽水汆燙。在二杯醋（→參考p.68「二杯醋蜂斗菜」）裡混入少許的芥末醬，將蔬菜拌勻。

蕃茄秋葵拌蘿蔔泥

100 g 的蕃茄切成骰子切，4根秋葵汆燙後，切成小口切。120 g 的蘿蔔磨成泥，稍微瀝掉水分（重量變成60 g 左右）。混入少許的鹽和胡椒，加入5片撕碎的青紫蘇，拌入蕃茄和秋葵。

夏

烤茄子

用烤網把2條茄子烤成黑色，過水後，剝掉外皮，切成一半長度。裝盤，放上適量的薑泥，再淋上醬油。

榨菜拌小黃瓜泥

把1條小黃瓜磨成泥，稍微瀝掉水分。把¼根長蔥切成末，快速清洗後，擦乾水分。和50 g 的榨菜（瓶裝）混合。

季節性簡單蔬菜小碟

滑菇涼拌醃蘿蔔

80g的滑菇清洗後瀝乾水分。60㎝的醃蘿蔔切成1㎝小丁塊狀，清洗後瀝乾水分。2根青辣椒汆燙後，切成小口切。在碗裡混合所有食材，再混入少許的白芝麻和醬油。

香菇佐柚子醋醬油

½包的鴻禧菇切掉根部，用烤網烤過後揉散。2朵生香菇去掉蒂頭，烤過後縱切成4塊。½顆洋蔥橫切成薄片，用少許的鹽搓揉後，用水清洗並擠乾水分。將這些食材混合在一起後裝盤，淋上柚子醋。

秋

辣醬油薯蕷

薯蕷去皮，細切成5㎝長，裝盤。放上少許的芥末醬，淋上醬油。

馬鈴薯拌地膚子

100g的馬鈴薯切條，汆燙後瀝乾水分。2大匙的地膚子快速清洗後，瀝乾。在二杯醋（→參考p.68「二杯醋蜂斗菜」）裡面混入少許的薑泥，把馬鈴薯和地膚子一起拌勻。

蘿蔔沙拉佐柚子胡椒醬油

100g的蘿蔔切成4cm長的響板切，½包的貝割菜切掉根部，切成一半長度。將這些混在一起，泡水之後，瀝乾水分。裝盤，拌入1小匙柚子胡椒、1大匙醬油。

五色醋拌

1顆蕪菁、胡蘿蔔和蘿蔔各切成4cm的便籤切，在2%的鹽水裡浸泡30分鐘後擠乾水分。2朵生香菇切掉根蒂，烤過後切成薄片。把90㎖的水、4大匙醋、2大匙味醂、¼小匙的鹽煮沸後，放涼，並放入蔬菜浸泡30分鐘。2根水芹快速汆燙後，切成段混入，裝盤後，撒上白芝麻。

白菜鹽昆布沙拉

1片白菜的菜葉切成5mm寬、3cm長的便籤切，混入15g的鹽昆布、少許切絲的柚子皮。

茼蒿沙拉

3根茼蒿摘下樹葉，¼根長蔥切成細絲，混合後泡水，瀝乾水分後裝盤。把醬油1：醋1：芝麻油0.5的比例混合在一起，混入少許的白芝麻，適量淋在蔬菜上。

1 人份
785kcal

馬鈴薯燉肉

煙燻鮭魚串

家常菜菜單

主菜	# 馬鈴薯燉肉
副菜	# 煙燻鮭魚串

菜色變化 ➡ 烤白蘆筍（→p.85）
菜色變化 ➡ 高麗菜一夜漬（→p.109）
菜色變化 ➡ 醋拌小黃瓜魩仔魚（→p.127）

湯	# 香菇湯

菜色變化 ➡ 雜燴湯（→p.51）
菜色變化 ➡ 蕃茄金針菇蛋花湯（→p.104）
菜色變化 ➡ 蘘荷蛋花湯（→p.193）

主食	# 白飯

家常菜的代表・馬鈴薯燉肉，牛肉的鮮味和脂肪充分滲入的鬆軟馬鈴薯、甘甜的洋蔥，有著怎麼吃都不會膩的美味。主菜的肉並沒有很多，所以就在副菜部分使用魚貝類。充分發揮鹽分和酸味的醋拌鮭魚，不僅能讓馬鈴薯燉肉的鹹甜味更加鮮明，同時還具有清脆的口感，讓整份菜單的組合更加完美。香菇湯以清爽的味道在主菜和副菜之間斡旋，在菜單中扮演統籌的角色。

前置作業時程表

預先準備	煮高湯
	↓
2小時半前	切煙燻鮭魚串要用的蔬菜，撒鹽
	↓
1小時半前	洗米，白米泡水 把醋拌蔬菜醃漬在調味醋裡
	↓
1小時前	開始煮飯
	↓
30分鐘前	開始製作馬鈴薯燉肉 開始煮香菇湯 用煙燻鮭魚捲醋拌蔬菜

▌營養加分！

馬鈴薯含有豐富的維他命C。1顆（約150g）馬鈴薯的含量就相當於1杯檸檬汁。維他命C是容易因加熱而流失的營養素，可是，馬鈴薯的維他命C則可以受到澱粉保護，不會因為加熱而流失。

湯品 香菇湯

把3種菇類混合在一起，用醬油增添香氣的秋季湯品。偶爾也可以製作成味噌湯。夏季就煮加魚肉的醬湯，冬天則可以製作白味噌和紅味噌混合的湯。

美味關鍵！

副菜也可當下酒菜

「煙燻鮭魚串」也是適合啤酒和紅酒的下酒菜。如果要招待客人的話，可以在前一天先做好醋拌蔬菜，所以忙碌的當天只要捲煙燻鮭魚就行了。以1人份的量裝盤，讓料理更有質感吧！

馬鈴薯燉肉

大塊的馬鈴薯和洋蔥，有著份量感十足的美味。尤其是洋蔥，更是媒合燉肉和馬鈴薯的重要角色。痛快地切成大塊，充分享受食材的原始風味和口感吧！

1 人份
343kcal

材料（2人份）

牛肉片	100 g
酒	多於1大匙
馬鈴薯	2～3顆（淨重300 g）
洋蔥	1顆
蒟蒻絲	½包
扁豆	適當

A	高湯	1杯
	醬油	多於2大匙
	砂糖	多於2大匙
	酒	1又½大匙
	味醂	1又½大匙

製作方法

1 馬鈴薯切半，切出倒角（**a**）。洋蔥切成較大的梳形切。蒟蒻絲稍微洗過後，用熱水汆燙，瀝乾水分後，切成7～8cm左右的長度。

2 牛肉如果太大塊，就切成容易食用的大小，淋上酒（**b**）。

3 在鍋裡混合A材料後煮沸，放進步驟**2**的牛肉，用菜筷把肉片打散（**c**），仔細去除浮渣，一邊燉煮。

4 肉差不多熟透後，加入步驟**1**的食材，放上落蓋並蓋上鍋蓋悶煮。把火侯調整在維持微滾的狀態。

5 扁豆用熱水汆燙，切成細絲。

6 馬鈴薯變軟後，拿掉鍋蓋和落蓋，偶爾晃動鍋子，一邊把湯汁燒乾。燉煮的時間大約是馬鈴薯放入之後10分鐘左右。

7 裝盤後，放上步驟**5**的扁豆絲。

a

切倒角可以預防馬鈴薯煮爛。去皮後的馬鈴薯切成一半，薄削掉剖面的角。

b

燉煮的肉要採用脂肪較多的肉片。只要預先淋上酒，就可以在湯汁中馬上散開，同時也可以增添酒香。

c

肉不要炒，直接放入湯汁裡。這樣比較容易去除浮渣，肉的鮮味也能溶入湯裡，也不會顯得太油膩。

美味加分！

松本老師的話

如果說牛肉的挑選方法是馬鈴薯燉肉的最大關鍵，一點都不為過。因為烹煮的時間並不短，所以並不適合容易因加熱而變硬的部位或厚切的肉。建議採用上等肉的部位。薄片的油花也比較適當。

煙燻鮭魚串

1 人份
184kcal

醋拌的酸甜味和鮭魚的鹹味互相輝映，有著充滿餘韻的美味。帶有強烈油香的鮭魚，搭配上增添香氣的酢橘和清淡口味的生蔬菜，讓人百吃不膩。

材料（10串）

煙燻鮭魚		10 片
醋拌		
	蘿蔔	150 g
	胡蘿蔔	15 g
	鹽	適量
A	醋	⅓ 杯
	昆布高湯（或水）	⅓ 杯
	砂糖	2 大匙
	鹽	½ 小匙
B	醋	⅓ 杯
	昆布高湯（或水）	⅓ 杯
	砂糖	2 大匙
	鹽	⅓ 小匙
幼嫩葉蔬菜		適量
酢橘		適量

製作方法

1 製作醋拌。蘿蔔、胡蘿蔔切絲後撒鹽，軟化後擠乾水分。浸泡在混合後的 A 材料中，放置1小時左右。

2 在碗裡混合 B 材料，確實擠掉步驟 **1** 的湯汁後，在碗裡放置1小時左右，讓味道充分入味。

3 把步驟 **2** 的湯汁稍微擠乾，用煙燻鮭魚把食材捲起來，再用竹籤固定。裝盤，附上幼嫩葉蔬菜和酢橘。

香菇湯

1 人份
90kcal

只要混合多種菇類，鮮味和香氣就會重疊，味道就會更有層次。這裡還加上了雞肉的鮮味，使味道更加深厚。最後再利用蒟蒻絲增添味覺重點吧！

材料（2人份）

生香菇		2 朵
金針菇		¼ 包
舞茸		¼ 包
雞腿肉		50 g
酒		½ 大匙
高湯		2 又 ½ 杯
A	酒	2 大匙
	醬油	2 小匙
	鹽	少於 ⅓ 小匙
扁豆		適量
太白粉水		適量

製作方法

1 生香菇去掉蒂頭，切成薄片，金針菇切掉根部，切成 4 cm長。舞茸揉散成容易食用的大小。扁豆用熱水汆燙，斜切成片。

2 雞肉切成 1 cm的丁塊狀，淋上酒。

3 把高湯放進鍋裡煮沸，用 A 材料調味後，加入步驟 **1** 中扁豆以外的食材，和步驟 **2** 的雞肉，烹煮一段時間。

4 香菇變軟、雞肉煮熟後，加入太白粉水，稍微勾芡。煮開後，在起鍋前放入扁豆。

美味加分！	松本老師的話

料理時，不要使用混了鹽分等等的料理酒，請使用一般的日本酒。就算是便宜的日本酒也沒有關係。日本酒可以使肉類、魚類變軟，讓肉質更彈牙，同時增添食材的鮮味和甜味。這種作用是混入鹽分等等的料理酒所沒有的。我個人愛用的是廣島藏元釀造的「龜齡」。這一款日本酒有著鮮明的辣味，喝起來相當美味，同時也可以煮出美味的料理。

1 人份
751kcal

白飯

馬鈴薯洋蔥味噌湯

牛蒡胡蘿蔔絲

肉豆腐

前置作業時程表

事前準備	煮湯
↓	
1 小時半前	洗米，白米泡水 瀝乾豆腐的水
↓	
1 小時前	開始煮飯 製作牛蒡
↓	
30 分鐘前	開始製作肉豆腐
↓	
15 分鐘前	製作味噌湯

▌營養加分！

副菜的牛蒡、胡蘿蔔是根莖蔬菜的代表。牛蒡的食物纖維可幫助排出腸內毒素，改善便秘問題。胡蘿蔔的 β 胡蘿蔔素在體內被當成維他命A使用，可以維持黏膜和皮膚、眼睛的健康。還可以幫助抑制造成老化原因的活性氧，同時提升免疫力，是維持健康所不可欠缺的營養素。

松本忠子老師傳授

馬鈴薯燉肉的變化菜單

主菜	**肉豆腐**

副菜	**牛蒡胡蘿蔔絲**

菜色變化 ➡ 金平馬鈴薯（→ p.104）　菜色變化 ➡ 青椒炒小魚（→ p.129）
菜色變化 ➡ 菠菜拌芝麻（→ p.189）

湯	**馬鈴薯洋蔥味噌湯**

菜色變化 ➡ 蘿蔔味噌湯（→ p.29）　菜色變化 ➡ 蜆湯→ p.113）
菜色變化 ➡ 烤茄子味噌湯（→ p.195）

主食	**白飯**

肉豆腐是讓牛肉美味滲入豆腐，口感相當豐富的一道料理。這是從「馬鈴薯燉肉」變化而成的豐富美味。因為食材都相當柔嫩，所以副菜就選擇比較有咬勁的牛蒡。副菜是可以多做點起來備用的常備菜。馬鈴薯和洋蔥搭配而成的味噌湯裡，加上了炸渣，以增添飽足感。主菜的豆腐也能給人滿足的感覺。

豆腐柔嫩美味

肉豆腐

1人份
381kcal

豆腐就使用豆類風味濃厚的木綿豆腐吧！湯汁和肉味滲入之後，可以讓豆腐更有滋味。隔天吃也會相當美味，所以就算多做一點也沒問題。

材料（2人份）

牛肉片	150 g
酒	1又½大匙
木綿豆腐	1塊
洋蔥	½顆（約100 g）

	高湯	1杯
	醬油	5大匙
A	酒	2大匙
	味醂	2大匙
	砂糖	2大匙

製作方法

1 牛肉如果太大塊，就切成容易食用的大小，淋上酒。

2 豆腐暫時放在濾網裡，把水瀝乾（**a**）。洋蔥縱切成對半，延著纖維垂直切成5mm厚。

3 在鍋裡混合A材料後煮開，放進步驟**1**的牛肉，用菜筷把肉片打散，一邊去除浮渣，一邊燉煮。肉差不多熟透後，加入洋蔥，烹煮一段時間。

4 豆腐切成8等分，加入步驟**3**的食材，放上落蓋並蓋上鍋蓋，悶煮10分鐘，讓豆腐充分入味（**b**）。

a

附濾網的容器很適合瀝乾水分。豆腐也可以放在平面濾網上，或是用紙巾包裹，放置在砧板上面。

b

湯汁減少至這種程度後，豆腐充分入味後，就可以起鍋。

因為有大量的胡蘿蔔，所以甜味十足

牛蒡
胡蘿蔔絲

1人份
102kcal

辣椒風味的麻辣感鎖住添加了油香味的鹹甜味。食材確實炒過後，口感就會更好。只要預先做起來當成常備菜，就會更加便利。

材料（2人份）

胡蘿蔔	⅔根（約100 g）
牛蒡	½根（約50 g）
紅辣椒（切片）	少許

	酒	1大匙
	醬油	1大匙
A	味醂	1大匙
	砂糖	1小匙

芝麻油	適量

製作方法

1 牛蒡用鬃刷清洗乾淨，如果有鬚根，就要加以切除。在帶皮的狀態下，把牛蒡切成像火柴棒那樣的5cm長，泡水去除澀味後，瀝乾水分。

2 胡蘿蔔要切得比牛蒡略粗，切成相同長度的細條。

3 用鍋子加熱芝麻油，放進牛蒡、紅辣椒拌炒。牛蒡產生香氣，和油充分混合後，加入胡蘿蔔，持續炒到食材變軟。

4 加入A材料，持續炒到湯汁收乾。保存的時候，要先放涼，然後再裝入保存容器裡，放進冰箱（**a**）。可以保存3～4天。

a

如果保存容器的蓋子內側有水滴，容易破壞掉食材的味道。保存的時候，請務必放涼後再蓋上蓋子。

炸渣增添濃郁

馬鈴薯
洋蔥味噌湯

1人份
100kcal

馬鈴薯和洋蔥的組合是味噌湯的傳統配料。最後再加上炸渣，就能更添份量。也可以試試青菜和豆腐的味噌湯。

材料（2人份）

馬鈴薯（小）	1顆
洋蔥	¼顆
高湯	2又½杯
味噌	2～2又½大匙
炸渣（市售品※）	適量

※製作天婦羅時，也可以留下來備用。

製作方法

1 馬鈴薯切成2cm的丁塊狀，洋蔥切成薄片。

2 把高湯放進鍋裡煮沸，放進馬鈴薯烹煮。

3 馬鈴薯熟透後，加入洋蔥，把食材加熱至個人喜歡的軟爛程度，溶入味噌後，關火。

4 盛裝在碗裡，放上炸渣（**a**）。

a

炸渣容易因油而酸化，所以要盡早使用完畢。加在雞蛋浸菜上也非常美味。

白飯

日本油菜干貝羹

醃漬沙拉

雞肉丸

鹹甜味的絞肉菜單

主菜	# 雞肉丸

副菜	# 醃漬沙拉

菜色變化 ➔ 高麗菜鹽昆布沙拉（→p.29）
菜色變化 ➔ 牛蒡胡蘿蔔絲（→p.77）
菜色變化 ➔ 青椒炒小魚（→p.129）

湯	# 日本油菜干貝羹

菜色變化 ➔ 香菇湯（→p.75）
菜色變化 ➔ 蕃茄金針菇蛋花湯（→p.104）
菜色變化 ➔ 澤湯（→p.179）

主食	# 白飯

菜單的主角是鬆軟、柔嫩又確實入味的雞肉丸。這是道柔嫩美味，任何季節都會讓人想大快朵頤的菜色。副菜就採用咬勁十足的沙拉吧！這是道醃漬物和辛香料搭配的多變菜色。醃漬物的鹽分和清脆口感，讓整份菜單的味道更為一致。湯則是順口滑溜的羹湯。冬天特別推薦當季的日本油菜，其他季節則可以使用當季的蔬菜。

前置作業時程表

預先準備	煮高湯
↓	
1 小時半前	洗米，白米泡水
↓	
1 小時前	開始煮飯 開始製作雞肉丸
↓	
15 分鐘前	備齊沙拉的材料 煮湯
↓	
上桌前	拌勻沙拉 把四季豆放進雞肉丸裡

營養加分！

辛香料具有各種不同的健康效果。薑、萬能蔥可溫熱身體，同時，蘘荷則能增進食慾。青紫蘇所含的 β 胡蘿蔔素是胡蘿蔔的1.4倍，同時，香料成分也具有抗菌作用。

美味關鍵！

為了在最美味狀態下端上餐桌

相當適合下飯的醃漬沙拉。拌勻之後，辛香料會隨著時間經過而變軟，所以要在上桌之前加入調味料，快速拌勻，並立刻裝盤，端上餐桌。主菜的雞肉丸可以提早煮起來備用，但是，唯獨四季豆則在要上桌前重新溫熱，藉此才能產生更好的口感和香味。

口感柔嫩多汁！

雞肉丸

1 人份
257kcal

一口咬下，香濃美味的湯汁在嘴裡擴散，就會令人不自覺地食指大動。一般的雞絞肉容易產生乾柴的口感，所以請使用帶有脂肪的雞絞肉。因為是無油烹煮，所以多餘的油脂會泌出，產生清爽的口感。

材料（2人份）

雞腿絞肉		150 g
馬鈴薯		½顆
洋蔥		¼顆
雞蛋（小）		½顆
A	酒	½大匙
	糖	1小匙
	鹽	少於½小匙
	胡椒	少許
沙拉油		適量
B	高湯	2又½杯
	醬油	3又½大匙
	酒	3大匙
	糖	2大匙
	味醂	1大匙
四季豆		適量

製作方法

1 馬鈴薯切成較小的滾刀塊，煮軟後，趁熱壓碎，放涼。洋蔥切末。

2 在碗裡把雞蛋打成蛋液，加入步驟 **1** 的馬鈴薯和A材料，充分混合。加入絞肉，用手充分混合（**a**）。

3 平底鍋加熱，塗上一層薄薄的沙拉油。把步驟 **2** 的食材放在飯勺前端，用鍋鏟一邊把形狀調整成圓筒狀，一邊丟進鍋裡，把兩面煎成焦黃色（**b**）。就算中央部分沒有熟透也沒有關係。

4 把步驟 **3** 的雞肉丸放進熱水裡，去掉油脂，用濾網撈起。

5 把步驟 **4** 的鍋子快速清洗乾淨，放進B材料煮沸，加入雞肉丸。用中火烹煮25分鐘，讓味道充分入味。

6 四季豆用熱水煮出色澤，切成2～3段。在上桌前放進步驟 **5** 的鍋子裡（**c**），快速烹煮，讓味道入味。

a 加入馬鈴薯泥的雞肉丸相當柔嫩。馬鈴薯可以防止肉汁流失，加熱後仍會相當柔嫩。

b 雞肉丸很柔軟，所以要利用飯勺和鍋鏟塑形後，再放入平底鍋。這樣既不會弄髒手，大小也比較容易一致。

c 因為要運用四季豆的口感和香氣，所以要在雞肉丸入味後再放入。

醃漬沙拉

和白飯相當搭調的醃漬物沙拉。醃蘿蔔的獨特甜味和鹽分、辛香料和小黃瓜的清爽氣味、奈良醃漬的甜味全都融合成一體，餘韻極佳。

1 人份
67 kcal

材料（2人份）

醃蘿蔔	50 g
奈良醃菜	20～30 g
小黃瓜	縱切½根
蘘荷	縱切½顆
薑	10 g
青紫蘇	5片
萬能蔥（蔥花）	多於1大匙
白芝麻	適量
A ┌ 柚子醋（市售品）※	1大匙
├ 淡口醬油	½～1小匙
└ 芝麻油	多於½大匙

※柚子醋是沒有加入醬油的柑橘汁加工品。

a

材料仔細切成粗細、長度一致的大小。在製作出整體感的同時，也能製作出絕佳的口感和美麗的外觀。

製作方法

1 醃蘿蔔、奈良醃菜、小黃瓜細切成粗細、長度一致的大小。

2 蘘荷切成薄片。薑、青紫蘇切成絲（**a**）。

3 上桌之前，在碗裡混合步驟 **1**、**2** 的食材、萬能蔥，加入A材料拌勻，裝盤後，撒上芝麻。

> **美味加分！** 松本老師的話
>
> 切好後拌勻的簡單菜色。切的時候要仔細。大小相同的食材可以產生較好的口感，這同時也是這道料理的魅力所在。雖然也可以使用現有的醃菜，不過，奈良醃菜則是不可欠缺的食材。因為可以產生甜味和濃郁口感。

濃郁鮮味包裹在蔬菜上

日本油菜干貝羹

完整封存干貝風味的罐頭要連同湯汁一起使用。干貝的濃郁風味能為高湯加分，同時讓味道更有層次。

1 人份
65 kcal

材料（2人份）

日本油菜	⅓把
干貝（罐頭，小罐）	1罐（60 g）
高湯	3杯
A ┌ 酒	2大匙
├ 淡口醬油	2大匙
└ 鹽	少許
太白粉水	適量

製作方法

1 在鍋裡把熱水煮沸，放進日本油菜，快速煮沸後沖水，擠乾水分後，切成4 cm長。

2 把高湯放進鍋裡煮開，利用A材料調味，加入步驟 **1** 的日本油菜，進一步連同罐頭湯汁一起加入干貝，快速烹煮。

3 整體混合後，加入太白粉水勾芡，煮開後就可以起鍋。

1人份
784kcal

白飯

玉米味噌湯

烤白蘆筍

蕃茄燉肉丸

松本忠子老師傳授

日本家庭料理的日式西式菜單

主菜	# 蕃茄燉肉丸

副菜	# 烤白蘆筍

菜色變化➔ 浸波菜（→p.51）
菜色變化➔ 醃漬沙拉（→p.81）
菜色變化➔ 鱈子沙拉（→p.175）

湯	# 玉米味噌湯

菜色變化➔ 高麗菜鹽昆布沙拉（→p.29）
菜色變化➔ 馬鈴薯洋蔥味噌湯（→p.77）
菜色變化➔ 番薯味噌湯（→p.109）

主食	# 白飯

蕃茄燉肉丸是道讓人感覺特別用心，看起來相當美味的料理。用較小的漢堡肉大小製作，利用以蕃茄和紅酒打底的濃郁醬汁燉煮。為了製作出主菜的層次口感，副菜採用不使用油脂，有著清爽味道，搭配麵露的烤白蘆筍。如果是初夏的話，只要使用產季較短的白蘆筍，就可以讓餐桌充滿季節感。湯品是媒合主菜和日式副菜，和洋折衷的味噌湯。白味噌和奶油的契合程度令人感到不可思議，和白飯也相當搭調。

前置作業時程表

預先準備	煮高湯 製作麵露
	↓
1 小時半前	洗米，白米泡水 開始製作蕃茄燉肉丸
	↓
1 小時前	開始煮飯 烤蘆筍，沾麵露
	↓
15 分鐘前	製作味噌湯

營養加分！

添加在蕃茄醬裡面的紅酒含有許多預防心臟病、改善腦部功能的成分。使用大量葡萄皮和種籽，帶點澀味的紅酒，不僅別具個性，同時也有助於維持健康。

美味關鍵！

透過副菜讓人感受季節

主菜採用家常菜的時候，就利用副菜或湯品來表現季節感吧！例如，只有在 5 月前後才會上市的日本國產白蘆筍，不管是烤或是煮，都有特別的香氣和口感。當然，就算使用綠蘆筍也沒有關係。不管如何，關鍵就在於鮮度，要挑選切口或前端沒有枯萎或乾燥的種類。綠蘆筍選擇長度 25 cm以上的種類，白蘆筍則要選擇較粗的類型。

宛如在西餐廳品嚐般的高級味道

蕃茄燉肉丸

1 人份
527kcal

柔嫩多汁的口感來自於混在肉團裡的大量麵包粉和鮮奶油。肉團的表面也要塗滿麵包粉，透過煎煮增加份量，同時，蕃茄醬料還要勾芡。簡單製作出更加濃郁的味道。

材料（2～3人份）

牛豬混合絞肉	250 g
A ┌ 鹽	⅔小匙
│ 胡椒	少許
│ 肉荳蔻	少許
│ 雞蛋	1顆
│ 麵包粉	1杯
└ 鮮奶油	2大匙
麵包粉	適量

蕃茄醬料

蕃茄罐（罐頭）	200 g
洋蔥（切碎）	200 g
培根（切條）	50 g
蘑菇（罐頭、小）	1罐（85 g）
紅酒	1杯
蕃茄醬	¼杯
辣醬油	1大匙
奶油	1大匙
胡椒	少許
月桂葉	1片
橄欖油	適量
奶油	適量
巴西里（切末）	適量
鮮奶油	適量

製作方法

1 把所有蕃茄醬料的材料全放進鍋裡（**a**）。<u>蘑菇要連同湯汁一起使用</u>。煮開後，關火。

2 把絞肉放進碗裡，把A材料全部加入，搓揉混合。只要產生黏膩感，整體充分混合就行了。

3 把步驟 **2** 的肉團分成4等分，捏成圓形，撒滿麵包粉（**b**）。

4 平底鍋加熱，塗上橄欖油，放進奶油溶解，把步驟 **3** 的肉團排放在鍋裡，<u>把兩面煎得恰到好處</u>（**c**）。在中途，步驟 **1** 的鍋子要開中火加熱備用。

5 把步驟 **4** 的肉丸放進蕃茄醬料裡（**d**），用小火燉煮1小時左右。

6 裝盤，放上巴西里，再加上鮮奶油。

a 蕃茄醬料不加水，直接烹煮出濃厚的味道。

b 宛如輕壓般，讓肉團確實沾滿麵包粉。

c 把麵包粉煎得恰到好處，就可以產生香氣。

d 肉丸還很柔軟，移動的時候要注意避免讓肉丸散開。殘留在平底鍋裡的醬汁也要全部加入。

美味加分！ 松本老師的話	這道料理的關鍵就在於麵包粉。混入絞肉中，使絞肉產生柔嫩口感的同時，撒在外側的麵包粉也有相當重要的作用。麵包粉可以防止肉丸的鮮味流失，增添醬汁的濃度和濃郁。肉團不容易沾上麵包粉，或是不想浪費調理盤上剩餘的麵包粉時，請用煎煮肉團後的平底鍋，把剩餘的麵包粉炒一炒，和煎煮的湯汁一起加入醬汁。

烤白蘆筍

多汁、彈牙的蘆筍，略苦又甜的水分是其最大的魅力。因為用烤網確實燒烤，所以不會有太多水分，就可以利用麵露的日式風味，品嚐蘆筍本身的細膩味道。也可以採用綠蘆筍。

1人份
14kcal

材料（2人份）

白蘆筍	···················	6根
麵露※		
A	醬油 ···················	1又¼杯
	酒、味醂 ··············	各½杯
B	昆布 ··················	20g
	乾香菇 ················	2朵
	水 ····················	1ℓ
柴魚	···················	40g

※容易製作的份量。

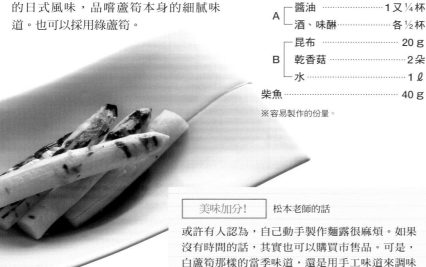

美味加分！　松本老師的話

或許有人認為，自己動手製作麵露很麻煩。如果沒有時間的話，其實也可以購買市售品。可是，白蘆筍那樣的當季味道，還是用手工味道來調味比較棒。麵露是烤蔬菜、浸物等料理的珍貴沾醬，所以，如果有時間的話，就做起來備用吧！

製作方法

1 製作麵露。把A材料放進鍋裡煮沸，關火。把B材料放進其他的鍋裡，放置10分鐘左右，開較小的中火。在煮沸之前取出昆布，加入A材料、柴魚，一邊去除浮渣，烹煮5分鐘後關火。暫時放置一下，待柴魚沉澱之後，慢慢過濾，放涼後放進保存容器。

2 蘆筍把根部薄切掉一些，用刨刀從根部薄削掉10cm左右的皮。因為白蘆筍的皮比較硬，所以要比綠蘆筍削得更仔細。

3 把步驟 **2** 的蘆筍放進烤網，用較小的中火慢慢燒烤，局部呈現焦色且變得柔軟後，放進調理盤，浸泡在步驟 **1** 的麵露中。直接放涼，讓味道入味，切成一半裝盤。剩下的麵露放在冰箱裡保存，要在2星期內用完。

奶油讓食材的甜味更鮮明

玉米味噌湯

玉米是味噌湯的絕佳配料。光是視覺上的新鮮感，就可以讓人覺得相當欣喜吧！雖然一般的辣味噌也相當美味，不過，這裡則推薦使用和奶油比較對味的白味噌。不僅可以增加濃郁，也能發揮出玉米的甜味和口感。

1人份
75kcal

材料（2人份）

玉米（罐頭、淨重）	···········	¼杯
綠蘆筍	···············	1～2根
高湯	···············	1又½杯
白味噌	············	1～1又½大匙
奶油	···············	10g

製作方法

1 綠蘆筍把根部薄切掉一些，用刨刀從根部薄削掉5cm左右的皮，切成較長的滾刀塊。

2 把高湯放進鍋裡加熱，依序加入玉米、味噌，再加入奶油。

3 加入步驟 **1** 的綠蘆筍，煮開後就可以起鍋。

香菇濃湯

胡蘿蔔柳橙沙拉

白飯

高麗菜捲

多菜少肉的菜單

主菜 高麗菜捲

副菜 胡蘿蔔柳橙沙拉

菜色變化➡ 馬鈴薯沙拉（→p.33）
菜色變化➡ 菠菜蘋果沙拉（→p.57）
菜色變化➡ 南瓜沙拉（→p.137）

湯 香菇濃湯

菜色變化➡ 豆漿濃湯（→p.53）
菜色變化➡ 蕃茄玉米片湯（→p.209）
菜色變化➡ 青花菜馬鈴薯濃湯（→p.218）

主食 白飯

高麗菜捲是非常受歡迎的菜色，在高麗菜正值美味的季節，更是必嘗試的一道。雖然份量看起來很多，但事實上卻只有少許的肉。嚴格來說，高麗菜才是真正的主角。副菜再進一步採用色彩鮮豔的沙拉。完成整套讓人一口氣吃下大量蔬菜的菜單。即便是忙碌的時刻，仍舊可以快速製作出副菜的沙拉，消除蔬菜攝取不足的問題。利用清爽的橘色甜味和香氣，創造出新鮮的氛圍。看起來艱深的菜單，卻出乎意料的簡單。適合搭配白飯和麵包的健康兩菜一湯。

前置作業時程表

1小時半前	洗米，白米泡水 開始製作高麗菜
	↓
1小時前	開始煮飯
	↓
30分鐘前	製作沙拉
	↓
15分鐘前	製作濃湯
	↓
上桌前	完成高麗菜捲

營養加分！

高麗菜所含的葉酸可預防貧血，同時也是讓腹中胎兒正常發育的必要營養素。另外，高麗菜中所發現的維他命U（抗潰瘍因子）可預防胃潰瘍，幫助胃部維持健康。因為是水溶性，所以也可以利用燉煮或煮湯的方式攝取。

美味關鍵！

用平底鍋蒸煮，省去高麗菜的汆燙步驟

高麗菜捲的高麗菜就算不汆燙也沒關係。要用平底鍋慢慢悶煮。不需要用大鍋煮沸熱水，也不需要擔心高麗菜的甜味流失，而且，因為是利用本身的水分悶煮，所以甜味會更加濃縮。就算上桌燉煮的時間很短，仍舊可以充分誘出美味。

內餡也要使用高麗菜，徹底物盡其用吧！

高麗菜捲

1人份
258kcal

僅靠鹽、胡椒的單純味道來引誘出高麗菜的完美風味。不使用高湯，單靠食材的原味就可充分品嚐到鮮味。口感清爽的湯汁有著熟悉的日式美味，也非常適合配飯。

材料（4個）

高麗菜（大）	7片
牛豬混合絞肉	100 g
A 鹽	少於 ¼ 小匙
胡椒	少許
小蕃茄	4顆
橄欖油	1大匙
水	1杯
鹽	⅓ 小匙
胡椒	適量
溶解的起司	30 g
黑胡椒	適量

製作方法

1 取6片高麗菜，把菜葉和葉脈切開（**a**），並把葉脈磨成泥。剩下的一片則切成碎末。

2 把步驟 **1** 的菜葉放進樹脂加工的平底鍋，蓋上鍋蓋，開中火蒸煮。中途再把菜葉翻面，等菜葉大致變軟後，平攤在濾網上，一邊利用餘熱讓菜葉熟透，一邊完全放涼。把其中的2片切成一半。

3 把A材料確實揉進絞肉，加上步驟 **1** 磨成泥的葉脈，進一步揉入混合（**b**），最後再混入切成碎末的高麗菜，分成4等分。小蕃茄去掉蒂頭，在每1等分的肉團裡塞進1顆小蕃茄，然後把肉團搓成圓形（**c**）。

4 把步驟 **2** 的高麗菜攤開，用1片半的高麗菜葉把步驟 **3** 的肉團捲起來。全部一共製作4個。

5 平底鍋加熱，塗上橄欖油，把步驟 **4** 的高麗菜捲排放入鍋，確實煎煮兩面（**d**）。高麗菜捲呈現焦黃後，加入水煮開，燉煮10分鐘左右。試一下湯汁的味道，用鹽、胡椒調味。

6 把步驟 **5** 的高麗菜捲裝盤，放上起司，再淋上熱的湯汁，並撒上黑胡椒。

高麗菜要拿來捲內餡，同時也要加進內餡裡面。只要靈活運用味道和性質各不相同的部位，就可以徹底利用食材。

把葉脈磨成泥，就可以增添蛋白質分解酵素的肉質鮮味。讓內餡更柔嫩。

放在內餡中央的小蕃茄不僅能增添味覺變化，同時也具有增添鮮味成分的作用。

透過確實煎煮，就能更添美味，然後再利用短時間的燉煮，增添風味。

> **美味加分！**
> 濱內老師的話
>
> 這道高麗菜捲使用1片半的高麗菜葉來製作1個高麗菜捲，同時，內餡裡面也加了高麗菜。比起高麗菜捲經常使用的洋蔥，把高麗菜當成內餡，反而會有更多甜味成分。尤其是葉脈含有大量的蛋白質分解酵素，所以只要加以混合，內餡的肉質就會變得更柔嫩。

胡蘿蔔柳橙沙拉

在帶皮狀態下切成絲的胡蘿蔔，充滿清脆的口感，而生火腿的鹽味則能更增濃郁，產生更美味的餘韻。讓兩者的美味達到絕佳協調的關鍵就是柳橙的水果味。柳橙的酸甜味道和清爽香氣，能夠讓整體的味道更加一致。

1 人份
175kcal

材料（2人份）

胡蘿蔔（大）	1根（約200g）
鹽	⅓小匙
柳橙	1顆
生火腿	5片

法式沙拉醬※

A
醋	4大匙
鹽	多於1大匙
洋蔥（磨成泥）	2大匙
芥末粒	1小匙
胡椒	適量

沙拉油	1杯
黑胡椒	少許

※ 法式沙拉醬的份量是容易製作的份量。洋蔥也可以切末使用。

a

洋蔥可以增添法式沙拉醬的鮮味和甜味。這種沙拉醬適合搭配各種沙拉，可以多做一點起來備用。

製作方法

1 胡蘿蔔不削皮，直接切絲，再揉上鹽。待胡蘿蔔變軟後，確實擠乾水分，並放進碗裡。

2 柳橙剝掉薄皮後，放進步驟 1 的碗裡。如果去掉的薄皮上有果肉殘餘，就把湯汁擠進碗裡。

3 在另一個碗裡，把製作沙拉醬的A材料充分混合，加入一點點沙拉油，一邊用打泡器充分混合。

4 生火腿切成容易食用的大小，放進步驟 2 的碗裡，用2大匙步驟 3 的沙拉醬拌勻後，裝盤，撒上黑胡椒。剩下的沙拉醬就放進冰箱裡保存，在一星期內使用完畢。

香菇濃湯

用攪拌機把食材打成泥後，直接烹煮的簡單菜色。馬鈴薯含有澱粉，會產生自然的濃稠，所以不需要小麥粉或奶油。口味濃醇，但熱量卻相當低。

1 人份
156kcal

材料（2人份）

鴻禧菇	100g
洋蔥	30g
馬鈴薯	50g
培根	½片
牛奶	1又½杯
鹽	多於⅓小匙
胡椒	適量

a

生的食材用攪拌機打成泥之後，直接烹煮，就可以簡單製作出濃湯。食材也可以炒過後再攪拌。

製作方法

1 鴻禧菇去掉根部揉散。洋蔥、馬鈴薯切成薄片，培根切成細條。

2 把步驟 1 的食材放進攪拌機（ a ）。加入牛奶，持續攪拌直到變得柔滑，倒進鍋裡。

3 開較小的中火烹煮，一邊攪拌一邊煮熟。湯變得濃稠且產生香氣後，就完成了。最後試一下味道，用鹽、胡椒調味。

青花菜飯

半熟高麗菜沙拉

燉薄切牛肉

濱內千波老師傳授

不費時的健康西式菜單

主菜	# 燉薄切牛肉
副菜	# 半熟高麗菜沙拉

菜色變化➡ 涼拌捲心菜（→ p.37）
菜色變化➡ 高纖沙拉（→ p.203）
菜色變化➡ 綜合醃菜（→ p.207）

主食	# 青花菜飯

主菜是不需要花費太多時間的燉薄切牛肉。燉煮蔬菜的湯汁可以代替清湯使用，牛肉採用肉片，所以比較容易煮透，三兩下就可以完成。多虧了手工油糊中用來增添濃郁口感的醬油，讓整道菜變得更容易下飯，這部分也相當具有魅力。搭配的副菜是大量的半熟高麗菜。咬勁和酸味帶出多汁的高麗菜美味。白飯中也混合了青花菜，使整體形成可以吃到大量蔬菜的健康菜單。

前置作業時程表

1小時半前	洗米，白米泡水
	↓
1小時前	開始煮飯
	↓
30分鐘前	開始製作燉薄切牛肉
	↓
10分鐘前	準備青花菜飯的配菜 製作沙拉
	↓
上桌前	把配菜混進白飯裡

營養加分！

青花菜除了維他命、礦物質之外，同時也是富含抗癌成分的健康蔬菜。通常都是烹煮後食用，但是，烹煮之後，維他命C會減少一半以上。這時候，就可以像這裡所介紹的青花菜飯一樣，偶爾用生食混入的方式食用。

美味關鍵！

讓蔬菜吃不膩的百變做法

在兩菜一湯的菜單中，使用蔬菜的菜色多半都是採用烹煮、半熟、生食3種蔬菜調理法，煮法不同，味道也就會不同。而燉煮這種方法可以製作出蔬菜湯或是高湯，徹底品嚐到食材的完整味道。另外，不管作法是燉煮還是沙拉，只要把蔬菜切成大塊，就可以品嚐到食材的咬勁，而青花菜飯則是利用蔬菜混入的方式，讓蔬菜的口感更好，在產生飽足感的同時，也能有瘦身的效果。

快速煮熟的牛肉超柔嫩！

燉薄切牛肉

因為使用的是薄切牛肉製成的牛肉丸，煮熟的時間會比燉肉用的牛肉更短。因為是短時間加熱，所以肉質會相當鬆軟且柔嫩，讓燉牛肉變得更順口。手工油糊利用蕃茄醬和醬油製作而成。加上奶油風味之後，就會產生令人懷念的熟悉美味。

材料（2人份）

牛肉片	200 g
馬鈴薯	1顆
洋蔥	1顆
胡蘿蔔	¼根
杏鮑菇	1根
四季豆	30 g
鹽	少許
胡椒	少量
油糊	
奶油	2大匙
小麥粉	2大匙
蕃茄醬	3大匙
醬油	2大匙
水	3杯

製作方法

1　馬鈴薯切半，洋蔥切成4～6塊。胡蘿蔔切成較厚的丁塊狀，杏鮑菇把長度切成一半後，切成6～7mm的厚度。把四季豆以外的蔬菜全都放進鍋裡，加水煮開後，用中火烹煮（**a**）。

2　製作油糊。在樹脂加工的平底鍋裡溶解奶油，加入小麥粉，用小火仔細炒過，加入蕃茄醬後，再進一步拌炒。等到油氣滲入後，分幾次加入醬油，快速攪拌。加入一點點步驟 **1** 的湯汁稀釋（**b**）後，再加進步驟 **1** 的鍋裡（**c**）。

3　牛肉加入鹽、胡椒，分成8等分後，逐一緊握成丸狀，慢慢地放進步驟 **2** 的鍋子裡（**d**）。快速烹煮5分鐘。

4　四季豆切成一半，加入步驟 **3** 的鍋裡，再煮3分鐘即可。

a
蔬菜要一邊注意火侯，避免煮爛。

b
油糊的材料容易焦黑，煮的時候要多加注意。蔬菜的湯汁要分3次加入，充分攪拌後就不會糾結在一起。

c
油糊只要先用湯汁稀釋再加入鍋裡，就可以更容易均勻混合。

d
肉丸如果在湯汁沸騰的時候丟進鍋，肉就會四散開來。所以入鍋的時候要先把火關小。

讓高麗菜的原味發揮到極限

半熟高麗菜沙拉

不同於生或熟，半熟高麗菜的咬勁深具魅力。帶有甜味的葉脈拍打後會產生裂紋，所以沙拉醬會滲入其中，進一步誘出高麗菜的甜味。

材料（2人份）

高麗菜	300 g
法式沙拉醬（→p.89）	3大匙

製作方法

1 用菜刀的刀腹拍打高麗菜葉脈的堅硬部分，讓菜葉變得柔軟，並撕成略大的一口大小。

2 把步驟 **1** 的高麗菜放進濾網，淋上熱水（**a**），並確實瀝乾水分。

3 把步驟 **2** 的高麗菜放進碗裡，加入法式沙拉醬，快速拌勻。

淋上熱水，製作出半熟的高麗菜。因為沒有經過煮的步驟，所以加熱所誘出的甜味和鮮味不會流失。

混入生的青花菜就行了！

青花菜飯

培根、洋蔥、青花菜的鮮味和甜味融入米飯裡，宛如蒸飯一般。直接加入的青花菜完全沒有半點青草氣味，同時色彩也相當美麗、鮮豔。

材料（2人份）

溫熱的白飯	250 g
青花菜	50 g
洋蔥	¼ 顆
培根	½ 片
鹽	⅓ 小匙
胡椒	適量

製作方法

1 青花菜切成碎末。洋蔥、培根也要切成碎末。

2 把步驟 **1** 的食材加進溫熱的白飯裡（**a**），撒上些許鹽、胡椒，快速攪拌。

> **美味加分！** 濱內老師的話
>
> 把食材加到白飯裡面時，就算直接放進飯鍋裡也OK。只要混進熱騰騰的白飯裡，白飯的熱度就會溶出青花菜和培根等食材的甜味和鮮味。這樣還可以少洗一點碗，可說是一石二鳥。培根的鹹度各不相同，所以剛開始先加上一點鹽就好，等試過味道之後再添加，才不會失敗。

青花菜等材料要盡可能切碎，讓食材可以因白飯的熱度而快速加熱。

1 人份
704kcal

麵包

蕃茄醬

羊栖菜的簡易沙拉

奶油燉雞肉

濱內千波老師傳授

免備清湯的簡單燉煮菜單

主菜	# 奶油燉雞肉
副菜	# 羊栖菜的簡易沙拉

菜色變化 → 菠菜蘋果沙拉（→p.57）
菜色變化 → 胡蘿蔔柳橙沙拉（→p.89）
菜色變化 → 醃泡紫甘藍（→p.218）

副菜	# 蕃茄醬
主食	# 麵包

溫和味道和濃稠感深具魅力的奶油燉雞肉。使用燉煮蔬菜的湯來代替清湯，可以品嚐到食材的單純原味，天然且濃醇。主菜所使用的雞胸肉相當健康，但是，肉質容易變得乾柴。確實記下柔嫩多汁的雞胸肉煮法吧！副菜是色彩鮮豔的沙拉和蕃茄醬，為菜單增添酸味、甜味，以及鮮豔色彩。蕃茄醬只要用1顆蕃茄就可以製成，相當簡單且快速。可以先製作起來，也可以利用製作主菜的空檔快速製作。

前置作業時程表

1小時前	製作蕃茄醬
	↓
40分鐘前	開始製作奶油燉雞肉
	↓
20分鐘前	製作沙拉

營養加分！

沙拉所使用的羊栖菜是富含礦物質、維他命、食物纖維的食品。建議可以隨時常備。如果以和風燉煮方式食用，鹽分和糖分往往就會超出，所以製作成沙拉，是種不錯的方法。

美味關鍵！

雞胸肉透過事先處理，降低熱量

奶油燉雞肉要使用奶油，所以會有擔心熱量的問題，不過，只要使用脂肪較少的雞胸肉就沒問題了。而且，如果去掉雞皮和白色的脂肪，熱量就可以減少4成，所以只要確實做好預先處理，就沒問題了。另外，只要仔細看，就可以發現雞肉的纖維呈現傾斜。只要以直角方式切斷纖維，雞肉就會變得比較柔嫩。

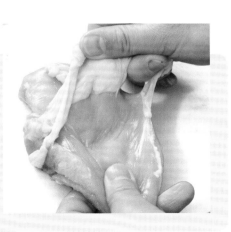

95

蔬菜的鮮甜味就是美味的來源

奶油燉雞肉

1 人份
409kcal

不使用湯塊等材料，單靠食材的原味就可以製作，所以可以品嚐到滑溜的天然味道。可以品嚐到奶油和牛奶的單純濃郁。鹽的份量是引誘出雞胸肉和蔬菜鮮甜味的關鍵。一邊試味道，一邊加鹽，勾引出食材的原味。

材料（2人份）

雞胸肉（小）	1片（約200 g）
鹽	⅓小匙
胡椒	少許
馬鈴薯	1顆
洋蔥	1顆
胡蘿蔔	⅓根
青花菜	40 g
A ┌ 水	1杯
└ 鹽	多於 ⅓ 小匙
奶油	2大匙
小麥粉	2大匙
牛奶	1又 ½ 杯

製作方法

1 雞胸肉去皮，切除多餘的脂肪（ **a** ），削切成一口大小（ **b** ），撒上鹽、胡椒。

2 馬鈴薯切成一口大小，胡蘿蔔切成1㎝厚的片狀。洋蔥切成梳形切。青花菜切成小朵。

3 把A材料、馬鈴薯、胡蘿蔔、洋蔥放進鍋裡煮開，用較小的中火煮，一邊注意不要把食材煮爛。

4 在另一個鍋子裡溶解奶油，加入小麥粉，用小火拌炒到充分混合。慢慢加入牛奶混合，湯汁變得滑溜後，進一步用小火混合烹煮1分鐘。加入1湯勺步驟 **3** 的湯汁，加以混合（ **c** ）。

5 把步驟 **4** 的醬汁放進步驟 **3** 的鍋裡混合，在湯汁沸騰的時候加入步驟 **1** 的雞胸肉，快速煮熟（ **d** ）。試味道，用鹽、胡椒（份量外）調味，加入青花菜，把食材煮熟。

a

皮和脂肪的熱量很高，同時也是腥味的來源，所以要加以去除。

b

雞胸肉的纖維呈現斜向。只要把纖維削斷，就可以製作出柔嫩口感。

c

油糊要加進蔬菜湯汁稀釋，這樣湯汁就比較容易均勻混合。

d

只要在湯汁變濃稠之前加進雞肉，肉湯就不容易流失，肉質也會變得多汁軟嫩。

羊栖菜的簡易沙拉

生蔬菜的清脆口感和羊栖菜的大海香氣，會因為薑末的效果而變得更加纖細。由於調味是不帶甜味的清爽味道，所以很適合搭配白飯和麵包。

1 人份
30kcal

材料（2人份）

羊栖菜（乾燥）	3 g
小黃瓜	½ 條
甜椒	½ 顆
萵苣	2 片
薑（小）	1 瓣
砂糖	1 小撮
A ┌ 醋	1 大匙
├ 醬油	1 大匙
└ 胡椒	適量

製作方法

1 把羊栖菜放進碗裡，加入熱水和砂糖混合（a），包上保鮮膜，放置約10分鐘。羊栖菜變軟之後，用濾網撈起，把水分瀝乾。

2 小黃瓜、甜椒切成薄片，萵苣撕成一口大小，薑切成碎末。

3 把A材料、胡椒放進碗裡混合，加入步驟 1 的羊栖菜拌勻，讓味道充分入味。

4 加入小黃瓜、甜椒拌勻，最後加入萵苣快速混合。

a

加入砂糖後，滲透壓會升高，羊栖菜就會更快變軟。

蕃茄醬麵包

濃厚的甜味和恰如其分的酸味，和主菜、沙拉的味道十分契合。建議採用生吃也相當美味的蕃茄。除了直接食用之外，只要在燉煮料理或沙拉、煎肉的沾醬裡加上一點點，就能夠增添風味。

1 人份
105kcal

材料（2人份）

蕃茄	1 顆
砂糖	蕃茄重量的30 %
鹽	少量

製作方法

1 蕃茄切成較小的丁塊狀，秤重，砂糖也要秤重。

2 把步驟 1 的食材放進鍋裡，加入鹽，開中火烹煮。沸騰後改用小火，一邊去除浮渣（ a ），一邊把湯汁煮成糊狀（ b ）。

a

把浮渣徹底去除，就能製作出清爽且清澈的味道。

b

放涼之後，濃度就會增加，所以只要煮到水幾乎燒乾就行了。

1 人份
721kcal

白飯

一味鹽醃蘿蔔

榨菜豆腐湯

煎餃

受歡迎的餃子菜單

主菜	# 煎餃

副菜 ## 一味鹽醃蘿蔔

菜色變化 ➡ 簡易小黃瓜泡菜（→p.41）
菜色變化 ➡ 涼拌蕪菁蕃茄（→p.47）
菜色變化 ➡ 薑汁茄子（→p.65）

湯 # 榨菜豆腐湯

菜色變化 ➡ 紫菜芝麻湯（→p.61）
菜色變化 ➡ 茄子湯（→p.147）
菜色變化 ➡ 干貝萵苣湯（→p.154）

主食 # 白飯

包著滿滿內餡，份量感十足的煎餃。唯有手工製作才能讓人盡情享受的菜單，副菜和湯就簡單一點，藉此凸顯出煎餃的美味。味道的關鍵在於內餡的製作方法。絞肉和高麗菜的比例、揉捏方法、放涼後再揉捏等，預防失敗的幾個步驟務必確實遵守。

前置作業時程表

預先準備	製作雞湯 製作餃子的內餡，放涼備用
	↓
1小時半前	洗米後，將白米泡水
	↓
1小時前	開始煮飯
	↓
30分鐘前	切蘿蔔，撒鹽
	↓
20分鐘前	包餃子的內餡 煮湯
	↓
10分鐘前	用調味料拌勻蘿蔔 製作煎餃

營養加分！

副菜的大量蘿蔔，含有調整腸胃的消化酵素。據說在藥膳當中，蘿蔔也能夠幫助消退囤積在體內的熱氣。另一方面，餃子裡還使用了溫熱身體的蒜頭和薑，所以這樣的搭配正好相輔相成。

美味關鍵！

美麗餃子的包法

鮮豔色彩和形狀等，是美味上桌的重要條件。餃子的膨脹外形和塞滿內餡的狀態是最理想的。為了讓家庭的餃子更接近職業水準，在這裡教大家包餃子的技巧吧！

1	2	3	4

一片餃子皮大約使用2大匙的內餡。內餡如果太多，餃子不容易包起來；如果太少，餃子則會變得皺皺的。	用左手的食指和拇指，在餃子皮的下方做出環狀，放入內餡，讓餃子皮下陷，並且在餃子皮的邊緣塗上水，讓外側的餃子皮黏在一起。	從黏住餃子皮的地方開始製作出皺褶，一邊把餃子的開口封起來。	完成。只要讓皺褶靠攏，就可以做出完美的膨脹外形，同時把內餡完整包裹起來。

香氣中爆出美味肉汁

煎餃

一口咬下，便肉汁四溢！令人不禁嶄露笑顏的美味。放入份量多於肉的高麗菜，就可以預防內餡變硬，使內餡產生自然的甜味和絕佳的咬勁。只要確實收乾高麗菜的水分，完成的煎餃就不會變得水水的。

1 人份
454kcal

材料（20顆）

豬絞肉		130 g
高麗菜		300 g
A	醬油	1又⅓～2大匙
	酒	1小匙
	芝麻油	1小匙
	蔥油※	1小匙
	鹽	¼～½小匙
	胡椒	少許
B	長蔥（切末）	½根
	薑（切末）	½小匙
	蒜頭（切末）	1瓣
餃子皮（直徑10cm）		20片
沙拉油		適量
醋、醬油		各適量

※ 長蔥的綠色部分（切蔥花）70g和1杯沙拉油一起用中火加熱10分鐘左右，等蔥變黑之後，再用紙巾過濾，就可以製作出蔥油。沒有蔥油的時候，就用沙拉油代替。

製作方法

1 把高麗菜的菜葉和葉脈分開。熱水沸騰後，加入葉脈，煮一下之後，放進菜葉，待高麗菜變軟後，泡一下水，放涼。把水分充分擠掉後切末，再進一步擠掉水分（ **a** ）。

2 把絞肉放進碗裡，揉捏至發黏後，加入A材料，進一步確實揉捏。

3 把步驟 **1** 的高麗菜、B材料放進步驟 **2** 的絞肉裡，在冰箱內靜置30分鐘以上。

4 把步驟 **3** 的內餡放在餃子皮上，用水沾濕邊緣，一邊折出皺褶，包出餃子。

5 平底鍋加熱，塗上沙拉油，把步驟 **4** 的餃子擺放在鍋裡，加上1杯水，蓋上鍋蓋，用大火收乾水分。掀起鍋蓋，讓水分完全揮發，只要煎出焦黃色就可以起鍋了。依照個人喜好，附上醋醬油。

a 高麗菜的菜葉可增添清脆，葉脈則可增添軟嫩口感。只要用毛巾包裹，用力擠壓，就可以擠出水分。

b 確實冷卻後，絞肉的脂肪就會凝固，煎煮時，脂肪會緩慢溶出，鎖住肉汁，讓內餡完整融合。

美味加分！

小林老師的話

煎餃用的醋醬油可以讓味道變得清爽，促進食慾。在中國，煎餃都是沾醋。也有很多人不沾醬油，只沾黑醋或紅醋等中國醋，同時也會加上薑絲。建議也可以依照個人喜好，只沾醋，不要加入醬油。

一味鹽醃蘿蔔

清脆、充滿咬勁的蘿蔔。一味唐辛子的麻辣鎖住用鹽誘出的甜味。製作出簡單味道的同時，再用一點點老酒勾勒出充滿層次的香氣，製作出精緻的味道。

材料（2人份）

蘿蔔	10 cm
鹽	⅔小匙
A ┌ 芝麻油	1小匙
│ 鹽	⅓小匙
└ 老酒	⅓～½小匙
一味唐辛子	適量

製作方法

1 蘿蔔切成細條，撒鹽混合，暫時放置一段時間。

2 蘿蔔泡軟後，把水分徹底擠乾，放進碗裡，依序加入A材料，一邊拌勻。

3 裝盤，撒上一味唐辛子。

榨菜豆腐湯

榨菜有著發酵食品才有的複雜鮮味，而這碗湯則善用了榨菜的鹽味。簡單卻深層的味道，因嫩豆腐的滑嫩口感而更加鮮明。

材料（2人份）

榨菜※	80 g
嫩豆腐	½塊
雞湯（→p.63）	2又½杯
A ┌ 酒	1小匙
│ 醬油	⅓小匙
└ 鹽	⅓小匙

※盡可能使用醃漬榨菜。

a

鹽漬的榨菜。為了讓醃漬的鹽味融入湯裡，不要泡水，直接切成細條使用。

製作方法

1 榨菜（**a**）快速清洗後，切成細條。

2 豆腐切成1 cm的丁塊狀。

3 把雞湯倒進鍋裡煮開，加入A材料、步驟 **1** 的榨菜、步驟 **2** 的豆腐，用小火烹煮。

4 試味道，如果榨菜的鹽分溶出，就可以起鍋了。如果味道不夠，就要加點鹽調味。

> ### 美味加分！　小林老師的話
>
> 書中所使用的鹽漬榨菜是，把拳頭大的榨菜晒乾，和鹽、辣椒、花椒等一起浸泡1年以上的醃漬物。不僅吃起來清脆，而且還有清淡的香味。市面上販售的瓶裝種類是切片去鹽，並且用醬油和辣油等調味的種類。如果買不到鹽漬的類型，就要注意調味。

金平馬鈴薯

1 人份
739kcal

蕃茄金針菇蛋花湯

糖醋炸餛飩

前置作業時程表

事前準備	煮高湯
↓	
1小時半前	洗米，白米泡水
↓	
1小時前	開始煮飯 製作餛飩的內餡 製作金平馬鈴薯
↓	
10分鐘前	煮湯 製作糖醋芡汁
↓	
上桌前	包餛飩後酥炸

營養加分！

湯裡面所使用的金針菇，含有豐富的維他命B群和食物纖維。另外，名為蘑菇殼聚醣的成分可預防脂肪囤積在內臟，同時有助於代謝症候群的預防。

松本忠子老師傳授

大份量的炸物菜單

主菜	# 糖醋炸餛飩
副菜	# 金平馬鈴薯

菜色變化  浸菠菜（→p.51）
菜色變化 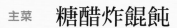 牛蒡胡蘿蔔絲（→p.77）

湯	# 蕃茄金針菇蛋花湯

菜色變化 香菇湯（→p.75）　菜色變化 韭菜蛋花湯（→p.143）
菜色變化 蘘荷蛋花湯（→p.193）

主食	# 白飯

主菜是酥炸的餛飩搭配生蔬菜和酸甜的芡汁。使用的絞肉只有100g，雖然份量並不多，但是如果製作成餛飩，卻可以製作出25個之多，而且還能透過酥炸餛飩皮的味道，增添飽足感，是相當經濟實惠的家庭菜色。副菜則是舒緩主菜酸甜味道的醇厚風味。湯則是把蕃茄添加在大家所熟悉的蛋花湯裡，藉此增添湯的鮮味和酸味，讓油炸物變得更爽口。

糖醋炸餛飩

1 人份
353kcal

在絞肉裡面加入大量的薑、花生，增加香氣和濃郁，讓內餡變得更好吃。糖醋芡汁製作成日式風味，避免讓油炸物的味道過濃。青紫蘇的清爽風味也能挑逗食慾，讓嘴裡充滿清爽口感。

材料（2～3人份）

豬絞肉		100 g
酒		2大匙
薑（切末）		2小匙
花生（切碎）		30 g
鹽		1/3小匙
胡椒		少許
A	洋蔥（切末）	30 g
	太白粉	1大匙
餛飩皮		25 片
萵苣		3～4 片
青紫蘇		10 片
糖醋芡汁		
B	高湯	1 杯
	醬油	3大匙
	酒	2大匙
	味醂	2大匙
	醋	2大匙
	砂糖	1又1/2大匙
太白粉水		適量
炸油		適量

製作方法

1 把絞肉和酒充分混合，混入薑、花生，進一步混入鹽、胡椒。把太白粉塗抹在A材料的洋蔥上（**a**），加入絞肉內餡裡面，快速混合。

2 放1匙步驟 **1** 的絞肉在餛飩皮上，折疊成三角形，再用雙手緊握餛飩皮。

3 萵苣和青紫蘇切成1㎝寬，裝盤備用。

4 製作糖醋芡汁。在鍋裡混合B材料，微滾後，一邊攪拌，一邊倒入太白粉水，製作出芡汁。

5 把炸油加熱至170℃，放入步驟 **2** 的餛飩，把餛飩炸成焦黃色（**b**）。把油瀝乾，鋪放在步驟 **3** 的上方，再淋上步驟 **4** 的芡汁。

為了避免洋蔥的水分溢出，洋蔥要先塗滿太白粉，再加進內餡裡。

餛飩皮膨脹，整體呈現焦黃色後，就可以起鍋。油的溫度如果太低，餛飩皮就不容易膨脹，同時還會變得油膩。

裹上奶油風味

金平馬鈴薯

奶油和鹽所製作出的多變風味。為了製作出馬鈴薯的清脆口感，馬鈴薯要在拌炒之前先泡水，去掉滑黏的澱粉吧！

材料（較容易製作的份量）

馬鈴薯	3顆
沙拉油	多於1大匙
奶油	多於1大匙
鹽、胡椒	各適量

製作方法

1 馬鈴薯切成5mm寬且4cm長的棒狀。泡水後，用濾網撈起，仔細去除水分。

2 平底鍋加熱後，放入沙拉油和奶油，奶油溶解後，把步驟 **1** 的馬鈴薯放入拌炒。在馬鈴薯變軟之前，關火，並用鹽、胡椒調味。

食材溶出的鮮味讓湯更甘甜！

蕃茄金針菇蛋花湯

小蕃茄的味道比一般的蕃茄更濃，而且不需要切開，看起來相當可愛，可說是好處多多。小蕃茄的味道可以和金針菇的味道產生相乘效果，同時增添清湯風味。

材料（2人份）

小蕃茄	6顆
金針菇	½包
雞蛋	1顆
高湯	2又½杯
A ┌ 酒	1又½大匙
├ 醬油	多於½大匙
└ 鹽	⅓小匙

製作方法

1 小蕃茄去掉蒂頭，金針菇切掉根部，切成對半後，揉開。

2 把高湯放進鍋裡加熱，放進A材料、步驟 **1** 的金針菇煮沸。緩慢倒入蛋液，雞蛋煮熟後，就完成了。

第 2 章

魚類的
兩菜一湯

希望學習技巧，納入拿手菜清單的魚類料理。
為了可以在日常菜色中更容易應用，這裡將為大家介紹
使用魚塊、鮮蝦以及花枝等食材的菜色。
副菜不採用生蔬菜那種清爽味道，
而要搭配確實調味的涼拌或是醋拌等菜色。
湯品部分就稍微帶點份量，
提高菜單整體的飽足感吧！

1 人份
558kcal

高麗菜一夜漬

奶油鮭魚

白飯

番薯味噌湯

可輕易製作的平底鍋煎魚菜單

主菜 # 奶油鮭魚

副菜 # 高麗菜一夜漬

菜色變化➔ 一味鹽醃蘿蔔（→p.101）
菜色變化➔ 醋拌小黃瓜魩仔魚（→p.127）
菜色變化➔ 醋漬白菜（→p.211）

湯 # 番薯味噌湯

菜色變化➔ 玉米味噌湯（→p.85）
菜色變化➔ 蕪菁鴨兒芹味噌湯（→p.115）
菜色變化➔ 豆腐滑菇味噌湯（→p.129）

主食 # 白飯

主菜是只要用平底鍋就可以製作完成，適合推薦給料理初學者的香煎料理。主菜是全年都可以採購到的鮭魚，搭配上有著鮮豔色彩的青花菜、鮮味豐富的鴻禧菇和奶油的濃郁味道，副菜則是讓味蕾轉換味道的淺漬。昆布的鮮味和清爽味道也很適合下飯，只要一次製作起來，就可以在每天的菜單上有所助益。湯是簡單的味噌湯。蕃薯的溫醇甜味讓鹽味的主菜和副菜更加鮮明。

前置作業時程表

前日	預先醃漬高麗菜一夜漬
	↓
預先準備	煮高湯
	↓
1小時半前	洗米，白米泡水
	鮭魚抹鹽
	↓
1小時前	開始煮飯
	↓
20分鐘前	製作味噌湯
	↓
10分鐘前	製作奶油鮭魚

營養加分！

其實鮭魚是白肉魚。魚肉的紅色是名為蝦紅素的色素，是鮭魚在大海中攝取的餌食所形成的。這種營養素具有抗氧化作用，可以幫助預防老化、文明病等抗老化作用。

美味關鍵！

鮭魚的挑選方法

家庭料理中所熟悉的鮭魚肉塊。鮭魚的產季是秋天，不過還是有產地和種類的差異，如果是冷凍鮭魚的話，一整年都可以買到。如果是生的，就要挑選色澤鮮豔且切口不會軟塌的魚塊；如果是解凍的鮭魚，則要挑選沒有流出湯汁的種類。另外，白鮭在5月時稱為「時鮭」，9月之後則稱為「秋味」、「秋鮭」，脂肪量和味道也都不同。進口的冷凍鮭魚有帝王鮭和銀鮭，兩種魚都含有大量脂肪，比較有咬勁。

奶油鮭魚

鮭魚用油煎成焦黃色，蔬菜和菇類則用奶油蒸炒。最後再把湯汁淋在鮭魚上，使整體充滿奶油風味。因為只用鹽調味，所以不會破壞鮭魚本身的原味。裝盤的蔬菜不要煮得太熟。讓絕佳的咬勁成為這道菜的重點。

1 人份
266kcal

材料（2人份）

生鮭魚（魚塊）	2塊
青花菜	⅓個
鴻禧菇（小）	1包
小麥粉	適量
橄欖油	適量
奶油（切小丁）	20 g
鹽	適量
檸檬（梳形切）	適量

製作方法

1　把½小匙的鹽塗滿在鮭魚的兩面，放置1小時左右。

2　青花菜切成小朵，鴻禧菇去掉根部，揉開。

3　把步驟 1 的鮭魚的水分擦乾（ a ），塗滿小麥粉，魚皮朝下放進鍋裡（ b ）。用大火把全面煎得焦黃後，翻面（ c ），背面也要煎出焦色，裝盤。

4　在不清洗步驟 3 的平底鍋的情況下，把步驟 2 的蔬菜和奶油放進鍋裡（ d ），用中火翻炒。撒上一撮鹽，蓋上鍋蓋，改用小火燜炒。

5　把步驟 4 的蔬菜放在步驟 3 的鮭魚旁，最後再把平底鍋裡剩餘的湯汁淋在鮭魚上，附上檸檬。

a

把因為鹽所釋出的多餘水分擦掉，在引誘出鮭魚原味的同時，去除腥味。

b

用小麥粉在鮭魚表面製作出薄膜，把鮮味封住，不流失。

c

盡量不要挪動，確實煎出焦黃色。如果產生太多油脂，就在翻面時擦掉。

d

奶油切成小塊，就能均勻吸收。偶爾掀開鍋蓋翻炒，讓火侯更平均。

高麗菜一夜漬

1 人份
12kcal

大家熟悉的高麗菜和胡蘿蔔，透過昆布的大量使用，製作出美味的淺漬。雖然醃漬時間只有一個晚上，但是，乳酸菌所製作出的天然酸味已經十分足夠。酸味會在清脆咬勁中產生作用，讓人一口接一口。

材料（較容易製作的份量）

高麗菜	150 g
胡蘿蔔	20 g
鹽	蔬菜重量的4%
昆布	10×5 cm
酒	適量

製作方法

1 高麗菜切成1.5 cm寬的丁塊狀，胡蘿蔔切成細條。把兩種食材放在一起秤重，並量出4%的鹽。

2 把蔬菜和鹽放進碗裡搓揉，再放進塑膠袋。

3 昆布用含有酒的紙巾快速擦過，並加進步驟**2**的塑膠袋裡。把塑膠袋裡面的空氣擠出，並把袋口綁緊，攤平後，擺放上重2倍的重物，在冰箱裡醃漬一晚（**a**）。如果還有剩餘，就放進冰箱保存，要在一星期內吃完。

a

蔬菜整體變軟、昆布的濃厚味道釋出後，就完成了。

番薯味噌湯

1 人份
112kcal

煮得軟爛的香甜番薯，搭配上溫醇味道的味噌湯。帶皮使用，也可以增添菜色的視覺色調。只要是當季且增添美味的食材，就算是單一種食材，仍舊可以充分展現魅力。

材料（2人份）

番薯（中）	½根
高湯	1又½杯
味噌※	1又½大匙

※ 相同份量的白味噌和信州味噌混合在一起。

製作方法

1 番薯帶皮切成一口大小的滾刀塊，快速清洗後，瀝乾水分。

2 把高湯、步驟**1**的番薯放進鍋裡，開中火烹煮。

3 番薯煮熟後，溶入味噌。

美味加分！ 菱沼老師的話

這道味噌湯使用白味噌和信州味噌混合而成的味噌。或許有人認為，帶甜味的番薯應該搭配帶甜味的白味噌，味道才會比較匹配。因為甜味的性質不同，所以會產生相乘效果，產生較濃郁的甜味。可是，正因為如此才要加點信州味噌的辣味。就能利用鹽分的對比效果讓甜味更鮮明。

分蔥花枝拌醋味噌

白飯

1 人份
656kcal

蜆湯

照燒青甘鰺

簡單的平底鍋照燒菜單

主菜 ## 照燒青甘鰺

副菜 ## 分蔥花枝拌醋味噌

菜色變化 ➡ 浸菠菜（→p.51）
菜色變化 ➡ 高麗菜一夜漬（→p.109）
菜色變化 ➡ 醋拌小黃瓜魩仔魚（→p.127）

湯 ## 蜆湯

菜色變化 ➡ 蘿蔔味噌湯（→p.29）
菜色變化 ➡ 蕪菁鴨兒芹味噌湯（→p.115）
菜色變化 ➡ 花蛤味噌湯（→p.189）

主食 ## 白飯

用平底鍋就可輕鬆製作的照燒，是這份菜單的主角。青甘鰺的表面裹上鹹甜的濃厚味道，所以配菜就搭配有著清爽酸味的菊花甜醋漬。副菜也帶有酸味，因為是使用濃郁味道和強烈甜味的白味噌，所製作而成的拌醋味噌，所以不會顯得太過清淡，能夠和主菜更加相得益彰。青甘鰺和分蔥都是冬季至春季的食材。湯也使用能讓人有季節感的蜆仔。鮮味滲透入身體裡，讓餐後的感覺暢快無比。

前置作業時程表

預先準備	製作菊花的甜醋漬 讓蜆仔吐沙
	↓
1小時半前	洗米，白米泡水
	↓
1小時前	開始煮飯
	↓
40分鐘前	青甘鰺撒鹽
	↓
20分鐘前	開始製作分蔥花枝拌醋味噌 煮湯
	↓
10分鐘前	煎青甘鰺

營養加分！

自古以來，蜆仔就是對宿醉、夏季食慾減退有益的食材。名為牛磺酸的成分具有穩定肝功能的作用。另外，蜆仔的醣類含有很多肝醣，這種成分也對肝臟很有幫助。

美味關鍵！

青甘鰺的挑選方法

青甘鰺的季節是冬天。如果是天然養殖，只要魚肉呈現粉紅色，而且背上稍微發黑的肉呈現紅色，就越是新鮮。可是，超市等地點販售的青甘鰺，都是養殖的青甘鰺。養殖青甘鰺的魚肉偏白，背上的魚肉偏黑，所以有時很難單靠顏色看出來。不知道如何挑選時，就挑選切面緊實且具有彈性，沒有出水的種類吧！魚腹部位的脂肪比背部更多。請依照個人喜好選用。

外側香煎並裹上濃醇的鹹甜味

照燒青甘鰺

1 人份
353kcal

雖然有著濃厚味道，但是味道只包覆在表面，並沒有滲入內部，所以魚肉反而格外清淡。表面和內部的強烈口感對比，讓人百吃不膩。裝盤的菊花甜醋漬有著酸味和美麗的黃色、香氣，不管是視覺或是味覺都能為照燒加分。

材料（2人份）

青甘鰺（魚塊）		2塊
蘿蔔泥		4大匙
鹽		適量
小麥粉（低筋麵粉）		適量
沙拉油		適量
A	醬油	1大匙
	味醂	1大匙
	酒	½大匙
太白粉水		1小匙
菊花甜醋漬		
菊花		10朵
醋、水		各¾杯
砂糖		50 g
鹽		少許

※ 菊花甜醋漬的份量是容易製作的份量。

製作方法

1 製作菊花甜醋漬。菊花撕下花瓣，利用加了少許醋（份量外）的熱水汆燙，泡一下冷水後，擠乾水分。把醋、水、砂糖、鹽混合溶解，製作甜醋，並放入菊花，浸泡一個晚上。

2 青甘鰺的雙面塗滿鹽，放置30分鐘。

3 擦掉步驟 **2** 的青甘鰺表面的水，塗滿小麥粉。平底鍋加熱，塗上沙拉油，魚皮朝下放進鍋裡（ **a** ）。不要挪動魚塊，用大火煎，煎出焦黃色後，翻面，背面也同樣要煎出焦色（ **b** ）。改用小火，把A材料混入（ **c** ），蓋上鍋蓋，燜煎3～4分鐘。

4 青甘鰺熟透之後，掀開鍋蓋，改用大火，稍微把湯汁煮乾。加入太白粉水（ **d** ），將呈現稠狀的湯汁裹在青甘鰺上頭。

5 裝盤，淋上湯汁。附上蘿蔔泥，以及瀝乾湯汁的步驟 **2** 的菊花。

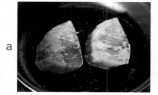

a

下鍋煎之前，先塗滿小麥粉，煎出焦色。煎過後，表面會形成薄膜，同時鎖住鮮味。

b

差不多煎出這樣的焦色。就可以消除表面的腥味，同時增添香味。

c

如果維持大火煎煮，調味料就會焦糊，所以請務必採用小火。

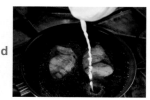

d

調味料平均混合後，就不要持續熬乾湯汁。要在青甘鰺變硬之前，讓青甘鰺裹上芡汁。

確實處理食材，讓成品不會水水的

分蔥花枝拌醋味噌

1 人份
79kcal

有著綠色分蔥、白色花枝，充滿鮮豔色彩的涼拌料理。簡單混入醬油和醋製成的二杯醋，最後再拌入白味噌，增添甜味、鮮味和濃郁。也可以依照個人喜好，把辣椒加進白味噌裡。

材料（2人份）

分蔥	3〜4根
花枝（生魚片用）	¼片
A 醋	1大匙
淡口醬油	⅔大匙
白味噌	2大匙
紫芽	適量

a

在用味噌拌勻之前，分蔥和花枝要分別用二杯醋拌過。這樣整體的味道會比較鮮明。

製作方法

1 分蔥把根部打結，從根部開始放進熱水裡，分蔥變柔軟後，依序讓前端沉入熱水裡。待整體變軟後，用濾網撈起，攤平快速冷卻，並切成4cm長，稍微擠乾水分。

2 花枝切成細條，放進濾網，用熱水快速汆燙，泡一下冷水後，確實瀝乾。

3 把份量⅔的A材料放進碗裡，拌入步驟 **1** 的分蔥（**a**）。用剩下的A材料拌入步驟 **2** 的花枝。

4 把白味噌放進其他的碗裡，稍微擠出步驟 **2** 和步驟 **3** 的湯汁並加入，充分地加以混合。裝盤，擺放上紫芽。

> 美味加分！　菱沼老師的話
>
> 醋拌的分蔥和主菜的青甘鰺、湯的蜆仔，同樣都是冬天至春天盛產的食材。把當季的食材一次端上餐桌。蔥和味噌相當對味，除此之外，用長蔥、絲蔥製作也相當美味。若時序接近春天時，也可以改用汆燙後的油菜花、土當歸。

使用大量貝類，充分品嚐鮮味

蜆湯

1 人份
56kcal

貝類的湯不需要使用高湯，所以製作簡單。只要和酒、昆布一起煮沸，就可以製作出更有層次的美味。貝類會釋出鹽分，所以在加入味噌之前試味道，也是很重要的事情。

材料（2人份）

蜆	120〜130g
昆布	5cm方形
酒	2大匙
水	1又½杯
味噌	1又½大匙

a

蜆仔要用活水吐沙。如果水沒有流動，蜆仔的吐沙情況比較差。如果用流動的水，蜆仔吐沙的情況就會比較積極。

※照片中的份量比製作份量更多。

製作方法

1 把杯子放在碗的正中央，把蜆放在杯子的周圍，一邊讓流動的水慢慢注入杯子，放置3〜4小時，讓蜆仔吐沙（**a**）。如果有時間，就算放置1小時也沒關係。

2 一邊搓洗步驟 **1** 的蜆仔，充分把蜆殼洗乾淨，用濾網撈起。

3 在鍋裡加入步驟 **2** 的蜆仔、昆布、酒、水，開中火烹煮，煮沸後，去除浮渣。蜆仔的殼打開後，試味道，溶入味噌。

1人份
470kcal

白飯

煎煮日本油菜和日式豆皮

蕪菁鴨兒芹味噌湯

土魠西京燒

前置作業時程表

3～5天前	土魠浸泡味噌
	↓
前一前	浸泡花椰菜甜醋漬
	↓
預先準備	製作高湯
	↓
1小時半前	洗米，白米泡水
	↓
1小時前	開始煮飯
	↓
30分鐘前	開始製作煎煮
	↓
15分鐘前	煎土魠 製作味噌湯

> **營養加分！**
>
> 土魠隨附的花椰菜含有與檸檬汁相同的維他命C，以及足以與番薯匹敵的食物纖維，相當營養豐富。是冬季至春季期間，希望大快朵頤的食材之一。

菱沼孝之老師傳授

家常煎魚菜單

主菜	土魠西京燒

副菜 **煎煮日本油菜和日式豆皮**

菜色變化 ➡ 浸菠菜（→p.51）　菜色變化 ➡ 高麗菜一夜漬（→p.109）
菜色變化 ➡ 麻油拌豆芽白菜（→p.143）

湯 **蕪菁鴨兒芹味噌湯**

菜色變化 ➡ 蘿蔔味噌湯（→p.29）　菜色變化 ➡ 豆腐滑菇味噌湯（→p.129）
菜色變化 ➡ 花蛤味噌湯（→p.189）

主食 **白飯**

讓白味噌的甜味確實滲入後，把魚煎得香酥。主菜就是這道家常煎魚。因為主菜比較乾，沒什麼水分，所以副菜就採用富含美味湯汁的蔬菜煎煮。湯品則是善用蕪菁水嫩感的味噌湯。每一道菜都是使用冬季至春季的美味食材，可以在日式菜色中充分享受到充滿季節感的絕妙美味。

香氣和滲入魚肉裡的甜味深具魅力

土魠西京燒

1 人份
180kcal

土魠有很多油脂，所以和味噌相當搭調，此外，再藉由味噌醃漬，讓纖細的味道更加濃縮，同時，使魚肉更加緊實、美味。味醂的添加不僅可以消除魚腥味，同時還能防止魚肉碎爛。只要預先用味噌醃漬起來保存，就能成為珍貴的食材。

材料（2人份）

土魠（魚塊）	2塊
鹽	1又½大匙
味噌醃料	
白味噌	1又½杯
味醂	4大匙
花椰菜的甜醋漬※	
花椰菜	1個
砂糖	3～4大匙
醋	1杯
水	1杯

※ 花椰菜的甜醋漬是容易製作的份量。要放進冰箱保存並在一星期內吃完。

製作方法

1 土魠兩面撒鹽，放置1個半小時，擦掉表面的水分。

2 把味噌醃料的材料混合，放一半份量在容器中，鋪上紗布，排列上步驟 **1** 的土魠，再覆蓋上一層紗布，把剩下的味噌醃料攤平塗上。在冰箱裡醃漬3～5天（ **a** ）。

3 花椰菜切成容易食用的大小，用熱水汆燙後，用濾網撈起，把水分瀝乾。把砂糖、醋、水加以混合溶解，製作出甜醋，把花椰菜浸泡在裡面。在冰箱裡放置一個晚上，讓甜醋入味。

4 用2根鐵籤串起步驟 **2** 的土魠，調整一下形狀，用烤網燒烤出焦色（ **b** ）。因為容易烤焦，所以要注意調整火侯，如果有烤焦的可能，可以覆蓋上鋁箔。

5 把步驟 **4** 的土魠裝盤，步驟 **3** 的花椰菜瀝乾湯汁後也一起裝盤。

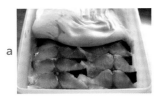

味道滲入後，魚肉會變得緊實，土魠的色澤就會呈現出透明感。只要醃料沒有出水，就可以添加白味噌，再次使用。※照片是份量較多的份量。

用鐵籤把魚塊串成波浪形狀。這麼做不光是為了外觀，同時也可以利用鐵籤傳出的熱度，加熱中央部分的魚肉。

讓菁菜充滿日式豆皮的濃郁

煎煮日本油菜和日式豆皮

1 人份
81kcal

就算加熱仍有絕佳咬勁的日本油菜，非常適合煎煮。日本油菜搭配日式豆皮的組合是相當常見的家常菜。不管是溫熱或是涼拌，都可以充分入味，非常好吃，所以也可以多做一點起來備用。

材料（2人份）

日本油菜	½把
日式豆皮	1片
A ┌ 高湯	2杯
淡口醬油	1又½大匙
味醂	1大匙
└ 鹽	少許
七味唐辛子	適量

製作方法

1 日本油菜用熱水汆燙，泡進冷水中冷卻。瀝乾水分後，切成3cm長，進一步擠乾水分。

2 日式豆皮切成3等分的寬度，再從邊緣切成1cm寬。

3 在鍋裡混合A材料，開中火烹煮，放入步驟 **2** 的日式豆皮。日式豆皮和湯相融合之後，加入步驟 **1** 的日本油菜，煮開後就完成了（ **a** ）。裝盤後，撒上七味唐辛子。

a

要使用大量的高湯，讓味道滲入食材的每個部位。

隱約的甜味和口感充滿魅力

蕪菁鴨兒芹味噌湯

1 人份
41kcal

蕪菁有著柔嫩的口感和高級的味道。削掉厚厚的一層皮，去掉老筋，讓高湯更容易滲入吧！因為蕪菁容易煮爛，所以要在快煮熟的時候把火關掉，就可以煮得恰到好處。

材料（2人份）

蕪菁（大）	1顆
鴨兒芹	¼把
高湯	1又½杯
味噌	1又½大匙

製作方法

1 蕪菁留下一點點莖，削掉較厚的皮，放進裝滿水的碗裡，把根部的髒汙洗乾淨，切成8等分的梳形切。

2 把高湯、步驟 **1** 的蕪菁放進鍋裡，開中火，一邊撈除浮渣，一邊烹煮。

3 蕪菁熟透後，溶入味噌，加入切段的鴨兒芹。

四季的盤前裝飾蔬菜

指導／野崎洋光

春

油菜花拌辣椒醬油

油菜花快速鹽煮。以高湯7：醬油1：酒1的比例調製醬料，並混入適量的辣椒，讓油菜花浸泡入味後，擠乾水分即可。

拌山椒葉

蘿蔔泥泡水後，稍微擠掉水分。山椒葉切碎後，與蘿蔔泥混合。

水煮蕨

把蕨的根部切掉，放進鍋裡，撒上少許的小蘇打，淋上淹過蕨的熱水，放上落蓋，冷卻後，換水浸泡。

烤竹筍

煮過的竹筍切成容易食用的大小，用烤網或烤箱烘烤，烤出焦黃色。

水煮蜂斗菜

蜂斗菜撒上鹽，在砧板上搓揉，快速汆燙後，切成容易食用的大小。也可以用高湯7：醬油1：酒1的比例調配醬汁，把蜂斗菜浸泡在裡面。

烤蠶豆、水煮蠶豆

把蠶豆從豆莢中取出，在覆蓋著薄皮的狀態下用烤網燒烤，或是用鹽水烹煮。

簡單的烤魚就試著搭配一些簡單的蔬菜料理吧！不僅能讓烤魚更加華麗，還能讓味蕾稍作休息。蔬菜的種類和切法、料理方法的關鍵在於季節感。不過，主角是魚料理。（份量全都是適量）

夏

諸味小黃瓜

小黃瓜在砧板上搓揉，縱切成對半，切成3cm長。快速汆燙出色澤後，放上諸味味噌或是普通的味噌。

紅白薑芽

完整切出嫩薑的形狀，快速汆燙後，浸漬甜醋。把各¼杯的醋和水、1大匙砂糖、少許的鹽混合溶解，就可以製作出甜醋。

梅茄子

茄子切成滾刀塊，搓鹽後，和梅肉拌勻，撒上白芝麻。

梅紫蘇

把青紫蘇撕碎，混入梅肉。

鹽漬小黃瓜

小黃瓜切成薄片，浸泡在3%的鹽水裡搓揉，擠掉水分後，撒上白芝麻。

烤綠辣椒

用竹籤刺穿綠辣椒的皮，放在烤網上燒烤，用刷毛塗上醬油，再進一步燒烤。

四季的盤前裝飾蔬菜

菊花蕪菁

蕪菁切成一口大小後，切出縱橫向的切痕，浸泡在3%鹽水裡，讓蕪菁變軟。瀝乾水分，和紅辣椒一起浸泡在甜醋（→參考 p.117「紅白薑芽」）裡，最後放上切成小口的紅辣椒。

香橙蘿蔔

蘿蔔切成響板切，浸泡在3%鹽水裡，讓蘿蔔變軟。擠掉水分，和切絲的柚子皮一起浸泡在醃汁（把水3：醋2：味醂1：鹽0.2的比例溶解）裡面。

甜煮番薯

番薯切成容易食用的大小，切出倒角，和梔子花的果實一起烹煮。把水和一半水量的砂糖溶煮在一起，放進煮好的番薯煮透，撒上黑芝麻。

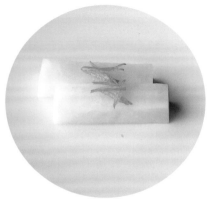

炸白果

白果汆燙後，擦乾水分，直接炸過後撒鹽。兩個一組，用竹籤刺出孔，穿過松葉。

烤栗子

用烤網或烤箱把栗子甘露煮（罐頭）烤成焦黃色。

浸漬薑

薑切成薄片，在溜醬油中浸泡2小時左右。

梅花薯蕷

用模型把薯蕷壓模成梅花形狀，浸泡3%的鹽水，讓薯蕷變軟。瀝乾水分，和辣椒一起（→參考p.117「紅白薑芽」）醃漬。放上切小口的辣椒。

甜醋醃芹菜

把芹菜切成便籤切，快速汆燙後，浸泡在甜醋（→參考p.117「紅白薑芽」）裡。

香煎牛蒡

牛蒡帶皮切成5cm長，縱切成對半。用杵搗敲打出裂痕後，快速汆燙。混入高湯、醋和純芝麻醬各2大匙、醬油1又⅓大匙、砂糖和白芝麻各1大匙，把牛蒡拌勻。

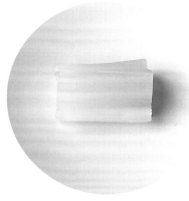

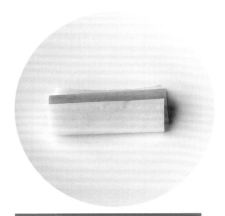

拌柑橘

薯蕷剁碎。混入柑橘類的果肉（香橙、柑橘、酸橘、帶皮的金桔切片等）。

網笠柚子

柚子橫切對半，把中央挖空，汆燙後去除內側的白色部分。把水和一半水量的砂糖溶煮在一起，放進煮過的柚子煮透。

醋拌蔬菜

把胡蘿蔔和蘿蔔切成薄的便籤切，浸泡3%的鹽水，讓食材變軟。擠掉水分，在醃汁（用水3：醋2：味醂1：鹽0.2的比例混合溶解）裡浸泡一個晚上。

1人份
733kcal

白飯

沙丁魚丸湯

三種盛生魚片

燉煮蘿蔔乾

宴客的生魚片菜單

主菜	# 三種盛生魚片
副菜	# 燉煮蘿蔔乾

菜色變化 ➔ 浸菠菜（→p.51）
菜色變化 ➔ 牛蒡伽羅煮（→p.67）
菜色變化 ➔ 煎煮日本油菜和日式豆皮（→p.115）

湯	# 沙丁魚丸湯

菜色變化 ➔ 雜燴湯（→p.51）
菜色變化 ➔ 蛤蜊湯（→p.141）
菜色變化 ➔ 澤湯（→p.179）

主食	# 白飯

鮪魚、花枝、鯛魚。把常見的生魚片拼裝成大盤，表現出符合主菜的華麗風格。只要稍微花點心思，採用不同的切法，同時再搭配上數種配菜，就可以讓美味持續到最後。搭配豪華主菜的是，有著樸實味道的燉煮蘿蔔乾，可以吃到大量的蔬菜。因為主菜是魚貝類，所以湯就採用沙丁魚丸來增添飽足感。讓生魚片菜單產生絕佳咬勁，同時又可獲得品嚐魚貝的滿足感。

前置作業時程表

預先準備	製作昆布夾鯛魚
	煮高湯
	燉煮蘿蔔乾
	↓
1小時半前	洗米，白米泡水
	↓
1小時前	開始煮飯
	製作生魚片的配菜，放涼
	製作沙丁魚丸的魚漿
	↓
15分鐘前	製作魚丸湯
	↓
上桌前	切生魚片

營養加分！

魚貝類的脂肪含有維持血管健康的DHA和EPA。尤其鮪魚和青魚最豐富，生吃更是別具效果。雖然沙丁魚丸有經過加熱，就算如此，仍舊可以攝取到8成左右的營養素。DHA也會殘留在湯裡面，所以也建議煮湯。

美味關鍵！

手工製作生魚片的配菜

切好就可以裝盤的生魚片，只要附上手工製作的配菜，就能夠產生美味視覺。配菜的外觀不僅可以讓裝盤更加華麗，同時也具有清口或消毒的作用。切絲的蘘荷或蘿蔔絲，可以在生魚片裝盤時拿來鋪底，日本稱這種配菜為『劍』。除了這裡所介紹的環形黃瓜、紫芽、花黃瓜、青紫蘇之外，也建議採用穗紫蘇、土當歸等蔬菜。另外，配菜要在切生魚片之前先準備好，放進冰箱裡冷藏。

三種盛生魚片

生魚片只要把顏色、咬勁不同的食材拼裝在一起，就可以百吃不膩。鯛魚用味道濃厚的昆布醃漬、鮪魚採用厚切、花枝切成加上切痕的唐草切*。最後只要再花點心思，隨附上手工製作的劍，熟悉的生魚片就會有截然不同的視覺美味。

*唐草切：將食材切為蔓草（即唐草）狀，花枝和蔬菜經常使用。

1 人份
344kcal

材料（2人份）

鯛魚昆布締

鯛魚（生魚片用）······	180 g
昆布 ······	20×8cm 2片
鹽 ······	適量
酒 ······	適量
鮪魚（生魚片用）······	150 g
花枝（生魚片用）······	150 g
小黃瓜 ······	1根
蘘荷 ······	3個
青紫蘇 ······	2片
紫芽、花胡瓜、酸橘、山葵 ······	各適量
醬油 ······	適量

製作方法

1 製作昆布夾鯛魚。昆布用沾了酒的紙巾擦拭，讓昆布呈現濕潤。

2 處理鯛魚。菜刀斜切入刀後，往外側方向拉切，把鯛魚削切成薄片。左手只要扶靠在切離的一邊就可以了。

3 把步驟 **2** 的鯛魚平鋪在撒了鹽的調理盤上，再進一步撒上鹽。鋪上昆布，把昆布夾在其中，並避免魚片重疊，再用保鮮膜包覆。在冰箱裡醃漬6小時左右（ **a** ）。

4 把去芯器插進小黃瓜，去掉小黃瓜芯，切成6～7mm厚的片狀，製作出環形黃瓜（ **b** ）。蘘荷切成薄片後泡水，確實瀝乾水分。兩種食材處理後都要放進冰箱冷藏。青紫蘇、紫芽、花胡瓜、酸橘、山葵也要冷藏備用。

5 處理鮪魚。菜刀從上方筆直入刀，往外側拉切，切成平造切（ **c** ）。花枝縱切出切痕，接著以直角方向切成一口大小（ **d** ）。

6 把蘘荷鋪在盤中，花枝捲呈圓形，擺放在外側。鮪魚鋪上青紫蘇後，排列成2～3排，鯛魚昆布締折呈對半裝盤。附上紫芽、山葵，再裝飾上環形黃瓜和花胡瓜、酸橘。最後附上醬油。

a

擺放削切鯛魚片時，要注意不要重疊，然後把昆布夾在其中，讓每個部位都可以滲入味道。

b

小黃瓜只要把芯去掉，就可以製作出環形黃瓜。清脆的小黃瓜製成環狀後，就會變成口感不同的配菜。

c

鮪魚的肉質柔嫩，所以適合採用較厚的平造切。鰹魚生魚片也適合同樣的切法。

d

沿著纖維在直角方向切出切痕。這樣堅硬的花枝比較容易咀嚼，同時也會產生甜味。

燉煮蘿蔔乾

家常菜的固定菜色。蘿蔔乾的重點在於先用油炒過。這樣既能增添濃郁，同時也能產生份量感。只要一次多做一點起來備用，就可以在每天的飯菜或便當中有效應用。

材料（較容易製作的份量）

蘿蔔乾（乾燥）	50 g
胡蘿蔔	½根
日式豆皮	1片
沙拉油	1大匙
A ─ 高湯	2杯
醬油	¼杯
味醂	¼杯

a

只要放進密封容器，並放進冰箱保存，就可以保存一星期左右，因此，建議可以多做點起來備用。

製作方法

1 蘿蔔乾快速洗過，用大量的水浸泡30分鐘左右，泡軟後確實擠乾水分，切段。

2 胡蘿蔔切成細條。日式豆皮用熱水快速汆燙後，泡冷水，用手把水分擠出，把寬度切成對半後，從邊緣切成細條。

3 鍋子用沙拉油加熱後，放進胡蘿蔔拌炒，胡蘿蔔裹上油之後，加入步驟 **1** 的蘿蔔乾和日式豆皮拌炒。加入A材料煮開，改用小火，放上落蓋，把湯汁煮到幾乎快乾掉為止（ **a** ）。

沙丁魚丸湯

買到鮮味絕佳的沙丁魚時，一定很想把沙丁魚製作成鮮美的湯。只要利用大和芋和雞蛋來製作，就可以做出鬆軟、鮮味的魚丸。千萬不要使用容易變硬的太白粉。

材料（較容易製作的份量）

沙丁魚	2尾
白肉魚的魚漿（市售品）	50 g
鹽	少許
雞蛋	½顆
大和芋（磨成泥）	1大匙
長蔥	⅓根
A ─ 高湯	3杯
淡口醬油	40ml
酒	2大匙

a

用左手捏掐出魚漿，再用右手的湯匙撈取。

※照片中的份量比標示出的份量更多。

製作方法

1 沙丁魚去掉鱗片，把頭切掉，去除魚腸後，清洗乾淨。沿著背骨插入拇指，一路滑至魚尾，把魚身扯開，剝掉背骨。用菜刀削除腹骨，並且把魚尾切掉。用食物調理機把魚肉打成粗碎末。

2 用研缽把白肉魚的魚肉搗碎，混入步驟 **1** 的沙丁魚和鹽。魚肉產生黏性後，加入雞蛋和大和芋，仔細搗碎、混合。

3 在鍋裡混合A材料，煮沸後，把步驟 **2** 的魚漿捏成丸子形狀（ **a** ），放進鍋裡加熱。如果有浮渣產生，就要把浮渣去除。試味道，用淡口醬油（份量外）調味。把長蔥縱切成對半，切成3 cm長，加入後稍微煮一下，就可以起鍋。

1 人份
611kcal

醋拌小黃瓜魩仔魚

乾燒比目魚

白飯

豬肉湯

菱沼孝之老師傳授

最下飯的乾燒魚菜單

主菜 乾燒比目魚

副菜 醋拌小黃瓜魩仔魚

菜色變化 ➡ 浸菠菜（→p.51）
菜色變化 ➡ 醃漬沙拉（→p.81）
菜色變化 ➡ 高麗菜一夜漬（→p.109）

湯 豬肉湯

菜色變化 ➡ 沙丁魚丸湯（→p.123）
菜色變化 ➡ 雞肉鴨兒芹紅味噌湯（→p.133）
菜色變化 ➡ 澤湯（→p.179）

主食 白飯

鹹甜味的乾燒白肉魚和白飯是最佳組合。這裡就使用代表性的比目魚，來介紹乾燒魚吧！乾燒的秘訣在於大火快煮。請透過這種料理方法，享受各季節的白肉魚。副菜的醋拌也是相當常見的家常菜。就算是不起眼的食材，只要在調味醋和醃漬上多花點巧思，就能夠呈現出煥然一新的美味。由於乾燒魚和醋拌的食材量都不多，所以湯就採用配菜較多的豬肉湯。添加上豬肉的鮮味和飽足感之後，不管是大人或小孩都會感到十分滿足。

前置作業時程表

預先準備	煮高湯
	↓
1小時半前	洗米，白米泡水
	↓
1小時前	開始煮飯
	切小黃瓜，浸泡鹽水
	↓
30分鐘前	準備豬肉湯的食材
	↓
20分鐘前	煮豬肉湯
	↓
上桌前	製作乾燒比目魚
	完成醋拌

營養加分！

魚含有豐富的鈣質，骨骼部分尤其豐富。希望攝取大量鈣質時，建議食用像魩仔魚那樣的整尾小魚。據說製作成醋拌之後，吸收率可以變得更好。

美味關鍵！

如果是夏天，就用相同的調味來製作「醋拌炸茄子」

醋拌料理的調味醋會因使用的食材而改變。這道菜單的醋拌主菜是小黃瓜，所以要使用可以讓清爽蔬菜更加鮮味且濃郁的土佐醋。在夏季的菜單中，也可以使用相同的土佐醋來製作醋拌炸茄子。另一方面，如果要製作甜味較強的魚貝類醋拌，則要使用醋、醬油、砂糖來製作調味醋。因為魚肉本身就帶有甜味，所以就不需要高湯。

醋拌炸茄子的製作方法
茄子朝紋路方向縱切成4～6等分，用180℃的炸油炸出焦色，把油瀝乾後，淋上土佐醋（→p.127）。撒上白芝麻。

乾燒比目魚

軟嫩的比目魚搭配充分入味的豆腐。雖然是清淡口味的組合，但是，又鹹又甜的味道卻非常下飯。像比目魚那樣的乾燒白肉魚，要用大火下去快煮，這是乾燒的不變定律。如果用小火慢燉的話，魚肉就會變得乾柴，有時還會煮得碎爛，所以要多加注意。

1 人份
189kcal

材料（2人份）

比目魚（魚塊）	2塊
煎豆腐	½塊
長蔥	15cm
A ┌ 水	1杯
├ 酒	3大匙
├ 醬油	2大匙
└ 砂糖	1又½大匙
薑汁	適量

製作方法

1 長蔥長度切成一半，縱切出刀痕，攤開後去除芯，切成細絲，泡水。

2 比目魚（**a**）在表皮切出略淺的刀痕。煎豆腐切成4塊。

3 把A材料混入鍋裡，在湯汁沸騰的時候放進比目魚（**b**），用大火煮沸，加入豆腐（**c**）。蓋上落蓋，把火侯調整至咕嘟咕嘟沸騰的狀態，持續烹煮（**d**）。

4 用手指按壓比目魚的中央，只要魚肉沒有軟爛，充滿彈性，就可以起鍋了。起鍋前滴入幾滴薑汁，和豆腐一起裝盤，再把步驟 **1** 的長蔥的水分瀝乾，鋪在最上面。

a

這裡使用的魚是春天至秋天期間常見的尖吻黃蓋鰈。要選用肉身較厚，表面帶有光澤的種類。

b

在湯汁沸騰的時候放進魚肉。如此一來，表面就會馬上變硬，使魚肉不容易煮爛，鮮味不容易流失。
※照片中的份量比指定份量多。

c

煎豆腐是木綿豆腐瀝乾後所煎煮而成。因為不容易煮爛，所以切開後馬上放入即可。

d

放上落蓋後，湯汁就會產生對流，佈滿整體，所以就算是少量的湯汁，仍舊可以平均入味。

> **美味加分！**
>
> 菱沼老師的話
>
> 乾燒有一個說法是，因為魚肉要沾著湯汁吃，所以才會有這樣的名稱。魚肉經過浸泡後，就會產生恰到好處的味道，這就是乾燒的魅力所在，所以盡量採用大量的濃郁湯汁吧！烹煮的關鍵是，不要想著要讓味道滲入白肉魚，快速烹煮才是秘訣所在。

透過細微的前置作業增加口感

醋拌小黃瓜魩仔魚

1 人份
37kcal

只要把小黃瓜浸泡在昆布和鹽水裡，熟悉的味道就會更添韻味。味道和搓揉鹽巴的小黃瓜截然不同，可以充分享受絕佳咬勁。

材料（2人份）

小黃瓜	1根
魩仔魚乾	2大匙
昆布	5㎝方形
鹽水	
鹽	1大匙
水	2杯
土佐醋	
高湯	1大匙
醋	1大匙
醬油	1小匙
砂糖	1大匙
芝麻油	適量

製作方法

1　小黃瓜切成薄片。鹽水材料混合後，放進昆布，並把小黃瓜浸泡在內（**a**），放置30分鐘，小黃瓜變軟之後，確實擠乾水分。

2　混合溶解土佐醋的材料。把一半份量放進碗裡，加入步驟**1**的黃瓜，用手搓揉混合（**b**）。

3　把剩下的土佐醋和魩仔魚混合拌勻。

4　分別把步驟**2**的小黃瓜和步驟**3**的魩仔魚稍微擠乾，裝盤後灑上白芝麻。

a 浸泡鹽水後，食材就會變得柔軟，同時不會破壞掉蔬菜的口感和風味。

b 用手輕輕搓揉，味道比較容易滲入小黃瓜。如果用筷子的話，味道就不容易滲入。
※**a**、**b**照片中的份量比指定份量多。

可當成小菜的豐盛湯品

豬肉湯

1 人份
217kcal

豬肉和蔬菜燉煮出的美味湯頭，和昆布的鮮味融為一體，製作出多層次的味道。就算隔天回鍋烹煮，仍舊美味不變，所以食譜列出的是比較容易製作的較多份量。

材料（3～4人份）

豬五花肉片	150ｇ
蘿蔔	8㎝
胡蘿蔔	½根
牛蒡	⅓根
芝麻油	1大匙
昆布高湯※	3杯
味噌	2～3大匙

※把昆布10㎝方形（約10ｇ）浸泡在1ℓ的水裡1～2小時，用極小的小火烹煮15分鐘左右，在即將煮沸之前把昆布取出。

製作方法

1　豬肉切成容易食用的大小。蘿蔔切成3㎜厚的銀杏切，胡蘿蔔同樣切成較厚的半月切。牛蒡稍微刮掉外皮後削成片，浸泡水之後，瀝乾水分。

2　把芝麻油和豬肉放進鍋裡，開中火，翻炒至豬肉變色為止。

3　依序加入牛蒡、胡蘿蔔、蘿蔔混合拌炒（**a**），食材裹上油之後，加入昆布高湯，用大火烹煮。如果出現浮渣，就把浮渣去除。

4　蔬菜變軟之後，溶入味噌，關火。

a 用油熱炒、烹煮食材後，湯汁就會變得濃郁，也會增添芝麻油的風味。

1 人份
585kcal

白飯

青椒炒小魚

豆腐滑菇味噌湯

味噌鯖魚

前置作業時程表

預先準備	製作高湯
	↓
1小時半前	洗米，白米泡水
	↓
1小時前	開始煮飯 製作青椒炒小魚
	↓
25分鐘前	開始製作味噌鯖魚
	↓
10分鐘前	製作味噌湯

營養加分！

味噌的顏色會隨著發酵熟成而逐漸變濃。這種色素成分稱為梅納汀，具有抗氧化作用，可幫助預防老化。味噌的原料，也就是大豆中所含的皂苷成分，也具有相同的作用，經過發酵後，吸收就會變得更好，比透過大豆攝取更有效率。

菱沼孝之老師傳授

整年都想製作的熱門鯖魚味噌菜單

主菜	## 味噌鯖魚
副菜	## 青椒炒小魚
	菜色變化➡ 煎煮日本油菜和日式豆皮（→p.115）
	菜色變化➡ 麻油拌豆芽白菜（→p.143）
湯	## 豆腐滑菇味噌湯
	菜色變化➡ 蘿蔔味噌湯（→p.29） 菜色變化➡ 蕪菁鴨兒芹味噌湯（→p.115）
	菜色變化➡ 花蛤味噌湯（→p.189）
主食	## 白飯

油脂豐富的鯖魚配上味道濃厚的味噌，這道主菜是適合搭配白飯的熱門菜色。春季至夏季期間採用花腹鯖，秋季至冬季則可採用白腹鯖，全年都可以享受美味。再利用副菜的色調和口感，來為主菜加分。在產白腹鯖的秋冬季節中，也可以把青椒換成蓮藕、胡蘿蔔、青花菜等蔬菜。味噌湯則是善用濃厚味噌的清爽口味。

味噌鯖魚

油脂豐富的鯖魚搭配超對味的味噌

1 人份
270kcal

運用鯖魚鮮味和味噌香氣，品嘗美味的「味噌鯖魚」。讓鮮明的甜鹹味道深入魚肉之中，最後再裹上濃厚的味噌湯汁。在消除濃厚鹽味熟成的味噌異味的同時，把帶有腥味的鯖魚烹煮得更加美味。

材料（2人份）

鯖魚（魚片）⋯⋯⋯⋯⋯⋯⋯⋯⋯ 1小尾
味噌 ⋯⋯⋯⋯⋯⋯⋯⋯⋯⋯ ¼～⅓ 杯
A ┌ 薑（切片）⋯⋯⋯⋯⋯⋯ 3～4 片
  │ 水 ⋯⋯⋯⋯⋯⋯⋯⋯⋯⋯⋯ 1 杯
  │ 酒 ⋯⋯⋯⋯⋯⋯⋯⋯⋯⋯ 3 大匙
  │ 砂糖 ⋯⋯⋯⋯⋯⋯⋯⋯⋯ 3 大匙
  └ 醬油 ⋯⋯⋯⋯⋯⋯⋯⋯⋯ ½ 大匙

製作方法

1 把半片鯖魚切成一半，在表面切出略淺的切痕。

2 把步驟 **1** 的鯖魚放進熱水裡，待表面變白之後，馬上放進冰水裡（**a**），讓魚肉快速冷卻後，用濾網撈起。

3 在鍋裡混合A材料，在湯汁煮開的時候放進步驟 **2** 的鯖魚（**b**）。去除浮渣，蓋上落蓋，把火侯調整成咕嘟咕嘟沸騰的狀態，持續烹煮10分鐘。

4 用步驟 **3** 的湯汁化開味噌後，加入（**c**）。試一下味道，如果甜度不夠，就再加點砂糖（份量外），用大火把湯汁收乾。一邊晃動鍋子，避免味噌燒焦，待湯汁呈現濃稠狀，即可起鍋。

a

汆燙魚的表面，直到魚肉變白，主要是為了去除腥味。這個步驟稱為霜降。

b

味噌加熱後，香氣就會失散，所以一開始先不要加入味噌，先讓鹹甜味稍微入味。

c

味噌就採用信州味噌等較濃的口味。先用湯汁把味噌化開，然後再混進湯裡，就會比較容易混合，味道也比較平均。

青椒炒小魚

單靠醬油和酒簡單製成

1 人份
102kcal

青椒的咬勁和小魚的鮮味融合一體，充滿美味的餘韻。青椒只要對著纖維呈直角切條，就比較容易煮熟變軟，與小魚混合。

材料（較容易製作的份量）

青椒⋯⋯⋯⋯⋯⋯⋯⋯⋯⋯⋯ 3顆
小魚⋯⋯⋯⋯⋯⋯⋯⋯⋯⋯ ½ 杯
芝麻油 ⋯⋯⋯⋯⋯⋯⋯ 少於1大匙
A ┌ 酒 ⋯⋯⋯⋯⋯⋯⋯⋯⋯ 1大匙
  └ 醬油 ⋯⋯⋯⋯⋯⋯⋯⋯ 1大匙

製作方法

1 青椒縱切成對半，去掉種籽和蒂頭，橫切成細條。

2 平底鍋加熱，塗上芝麻油，放進步驟 **1** 的青椒翻炒，青椒裹上油之後，加入小魚（**a**），快速拌炒均勻。

3 加入A材料，用大火翻炒，湯汁完全收乾後，就可以起鍋了。

a

小魚建議使用充分烘乾，濃縮鮮味的類型。也可以依個人喜好，選用偏軟的類型。

豆腐滑菇味噌湯

常見的食材組合

1 人份
45kcal

豆腐和滑菇全都非常滑順、爽口的味噌湯。主菜是口味較濃的味噌，所以要混合白味噌和信州味噌，製作出較溫和的甜味口感。如果是天婦羅或生魚片等菜單，則建議採用紅味噌或口味較重的味噌。

材料（2人份）

嫩豆腐 ⋯⋯⋯⋯⋯⋯⋯⋯ ¼塊
滑菇⋯⋯⋯⋯⋯⋯⋯⋯⋯ 3大匙
高湯⋯⋯⋯⋯⋯⋯⋯⋯ 1 又 ½ 杯
味噌※⋯⋯⋯⋯ 1～1 又 ½ 大匙
萬能蔥（蔥花）⋯⋯⋯⋯⋯ 適量

※ 把相同份量的白味噌和信州味噌混合在一起。

製作方法

1 滑菇放進濾網裡，淋上熱水，瀝乾水分。

2 把高湯放進鍋裡加熱，豆腐切成1.5cm丁塊狀，放進鍋裡，步驟 **1** 的滑菇也一併放入。

3 在煮沸之前，溶入味噌，關火，撒上萬能蔥。

1 人份
639kcal

香菇白果拌芝麻豆腐

北魷蘿蔔

白飯

雞肉鴨兒芹紅味噌湯

菱沼孝之老師傳授

秋季的燉煮菜單

主菜　# 北魷蘿蔔

副菜　# 香菇白果拌芝麻豆腐

菜色變化 ➡ 麻油拌豆芽白菜（→ p.143）
菜色變化 ➡ 胡蘿蔔拌芝麻（→ p.167）
菜色變化 ➡ 菠菜拌芝麻（→ p.189）

湯　# 雞肉鴨兒芹紅味噌湯

菜色變化 ➡ 蜆湯（→ p.113）
菜色變化 ➡ 花蛤味噌湯（→ p.189）
菜色變化 ➡ 烤茄子味噌湯（→ p.195）

主食　# 白飯

家常菜常見的燉煮北魷蘿蔔，可是，蘿蔔的入味卻相當耗費時間……，只要把蘿蔔切薄一點，就可以解決這種煩惱！北魷內臟的濃郁和鮮味也可以幫助入味，就算快煮，仍舊可以快速製作出符合主角色彩的味道。副菜是把秋季格外美味的香菇和白果製作成濃厚美味的拌芝麻豆腐。湯的部分則用雞肉增添咬勁。副菜和湯都可以增加菜單的飽足感，讓以北魷作為主菜的菜單得到整體性的滿足。

前置作業時程表

預先準備	煮高湯
	豆腐瀝乾
	↓
1小時半前	洗米，白米泡水
	煮拌芝麻豆腐的食材
	↓
1小時前	開始煮飯
	↓
45分鐘前	開始製作北魷蘿蔔
	↓
15分鐘前	製作芝麻豆腐醬
	煎雞肉
	↓
上桌前	製作味噌湯
	把芝麻豆腐和食材拌勻

> **營養加分！**
>
> 北魷富含的牛磺酸，具有強化肝臟和心臟功能、幫助脂肪燃燒、使血壓穩定等作用。因為牛磺酸可溶於水，所以只要連同湯汁一起攝取，就能更有效地吸收。

美味關鍵！

北魷的挑選方法

北魷蘿蔔所使用的北魷是全年都可以捕獲的北魷。以撈捕地點來說，夏季在太平洋捕獲的北魷比較美味，冬季則以日本海方面尤佳。挑選的時候，就要選擇身體膨脹、腹部圓潤且眼睛色澤呈深黑色的類型。如果是特別新鮮的北魷，一旦碰觸到身體，身體的顏色就會瞬間改變。因為這次的菜單會使用到北魷的內臟，所以要盡量挑選新鮮的種類。

北魷蘿蔔

十分對味的北魷和蘿蔔。一般都是以鹹甜調味來烹煮，這裡所介紹的食譜則還加上了北魷內臟。新鮮的北魷內臟不僅沒有腥味，還可以讓湯汁更有層次，所以就算短時間烹煮，仍可以製作出充分入味的味道。蘿蔔也要切薄一點，讓蘿蔔更容易煮透。

材料（2人份）

北魷	1尾
蘿蔔	5cm
水	1又½杯
A ┌ 酒	3大匙
├ 味醂	2大匙
├ 醬油	1又½～2大匙
└ 砂糖	1大匙
山椒葉	適量

製作方法

1 北魷連同內臟一起把腳去掉，把身體部分沖洗乾淨，切成2～3cm寬的環狀。內臟取下備用，北魷腳去掉眼睛和嘴巴，切成2半。

2 蘿蔔切成7～8mm厚的半月切，放進鍋裡，加入水，用大火烹煮。

3 蘿蔔熟透後，加入北魷（a），同時也把A材料加入，蓋上落蓋，用中火烹煮15分鐘。

4 在步驟 **1** 的內臟切出切痕，把內容物擠到碗裡，加一點步驟 **3** 的湯汁稀釋後，再加入步驟 **3** 的鍋子裡（b）。煮沸之後就可以起鍋。

5 裝盤，放上山椒葉。

a

北魷烹煮太久，肉質會變硬，所以要等蘿蔔變軟之後再放入。

b

只要先用湯汁稀釋內臟的汁液，就可以更快速混入湯中，也可以防止烹煮過久。

美味加分！ 菱沼老師的話	讓日式料理更加美味的方法就是善用淡口醬油。淡口醬油的香氣沒有濃口醬油那麼濃烈，色澤也比較淡，所以就可以讓133頁的拌芝麻豆腐更顯高級。淡口醬油的鹽分比濃口醬油強，所以也很適合希望增添鹽味的食材。希望運用食材的色澤或香氣時、希望確實為湯頭增添鹽分時，請試著使用淡口醬油看看。

香菇白果拌芝麻豆腐

1人份
149kcal

利用秋天的代表食材所製作的涼拌家常菜。為了讓嫩豆腐製作而成的滑潤芝麻豆腐拌料的甜味更加鮮明，材料就用淡口醬油烹煮入味，為食材增添鹽味，增添口味吧！

材料（2人份）

鴻禧菇 ·································· 1包
生香菇 ·································· 3朵
白果（水煮）························ 5顆

A
┌ 高湯 ·································· 1杯
│ 酒 ···································· 1大匙
│ 淡口醬油 ···························· 2小匙
└ 味醂 ·································· 2小匙

芝麻豆腐拌料
嫩豆腐 ································ ½塊
白芝麻 ·························· 多於1大匙

B
┌ 味醂 ·································· 1大匙
│ 淡口醬油 ···························· 1小匙
│ 砂糖 ·································· ½大匙
└ 鹽 ···································· 少許

杏仁片 ································ 適量

a

拌料持續搗混，呈現奶油狀之後，加入食材快速拌勻。

製作方法

1 鴻禧菇切掉根部揉開，如果太長就切成對半。生香菇去掉根蒂，縱切成對半，再進一步切片。白果切成對半。嫩豆腐用布巾包覆，把砧板壓放在上方，並確實瀝乾水分。

2 把A材料放進鍋裡煮沸，放進鴻禧菇和香菇，用中火烹煮10分鐘。直接放涼，讓味道浸泡入味。

3 製作芝麻豆腐拌料。把白芝麻放進研缽裡磨碎，大約磨碎8成之後，加入步驟 **1** 的豆腐，持續搗混至拌料呈滑嫩狀態。加入B材料，持續搗混。

4 把步驟 **2** 的食材湯汁瀝乾，加入步驟 **3** 的拌料中，再加入白果（ **a** ）一起混合拌勻。

5 裝盤，放上杏仁片。

雞肉鴨兒芹紅味噌湯

煎得香酥的雞肉切成大塊，直接拿來作為味噌湯的配菜。因為雞肉本身就有香氣，所以不需要熬煮高湯。盡可能讓湯和雞肉同時完成，先在碗裡擺上煎好的雞肉，再把湯倒進碗裡吧！

1人份
85kcal

材料（2人份）

雞腿肉 ························ ⅓片（80 g）
鹽 ···································· 適量
鴨兒芹 ································ 適量
高湯 ······························ 1又½杯
紅味噌 ······················ 1～1又½大匙

製作方法

1 雞肉去除多餘的脂肪，撒上鹽巴，用烤網煎得焦黃。

2 把高湯放進鍋裡加熱，溶入味噌。

3 把步驟 **1** 的雞肉切成4～6等分，放進碗裡，倒入步驟 **2** 的湯。放上切成段的鴨兒芹。

1人份
819kcal

南瓜沙拉

麵包

萵苣湯

炸魚貝和蔬菜

營養均衡的炸物菜單

主菜 # 炸魚貝和蔬菜

副菜 # 南瓜沙拉

菜色變化 ➡ 馬鈴薯沙拉（→p.33）
菜色變化 ➡ 胡蘿蔔柳橙沙拉（→p.89）
菜色變化 ➡ 醃泡茄子（→p.209）

湯 # 萵苣湯

菜色變化 ➡ 花蛤培根高麗菜湯（→p.57）
菜色變化 ➡ 青豆湯（→p.181）
菜色變化 ➡ 豐富蔬菜湯（→p.207）

主食 # 麵包

主菜是鱈魚等魚貝類，加上大量蔬菜的什錦炸物。只要像這樣，把多種食材湊在一起，不僅可以達到營養均衡，味道和口感也會改變，所以百吃不膩，能夠給人美味感受。副菜是把炸物中也有使用的南瓜製作成簡單沙拉。使用單一種食材是讓菜單規畫變得輕鬆的技巧。善用食材的美味，也有助於經濟。湯是運用萵苣清爽口感的沙拉風湯品。讓嘴巴在吃完炸物之後，可以變得清爽。

前置作業時程表

50分鐘前	製作南瓜沙拉
	↓
30分鐘前	準備炸物的食材
	預先製作湯底
	↓
15分鐘前	開始製作炸物
	↓
上桌前	把萵苣放進湯裡

營養加分！

湯裡面使用的大量萵苣，有著略帶苦味的特徵。據說那種苦味就在切口所流出的湯汁裡，越是新鮮的萵苣，就有越多湯汁。該成分具有促進食慾、幫助睡眠的作用。

美味關鍵！

希望抑制炸物的熱量！

說到炸物，最令人在意的部分就是熱量。而造成高熱量的最大原因就是油。濱內老師的作法是，使用乾燥類型的細粒麵包粉，再進一步用濾網把麵包粉過濾得更細，藉此來抑制油的吸收量。另外，炸油的量就採用放進食材時，正好蓋過食材的量，基本上只要7㎜左右就十分足夠了。這樣比較經濟，事後也比較容易收拾。

炸魚貝和蔬菜

1 人份
480kcal

讓蝦和鱈魚的溫和味道更加鮮明的鮮豔蔬菜。利用油炸的方式去除水分，增添食材本身的味道，讓食材更加美味。尤其是多汁、鮮甜的蕃茄，更能帶給人意料外的驚喜感受。為魚貝類的炸物畫龍點睛。

材料（2～3人份）

鮮蝦（帶殼無頭）	4尾
鱈魚（魚塊）	1塊
南瓜	100 g
綠蘆筍	2根
蕃茄	½顆
洋蔥	½顆
鹽	適量
胡椒	適量
小麥粉	適量
A ┌ 小麥粉	5大匙
└ 水	5大匙
麵包粉（細粒類型。用濾網一邊壓碎過濾）	適量
炸油	適量
檸檬	適量

製作方法

1　鮮蝦清洗後，擦乾水分，留下尾巴，把蝦殼去掉，去掉沙腸。在腹側切出多道刀痕，把身體拉直。鱈魚分切成4塊。撒上鹽、胡椒。

2　南瓜切成7～8mm厚，綠蘆筍用刨刀薄削掉根部的皮，把長度切成一半。蕃茄切成4等分的梳形切，洋蔥切成4等分的半月形，用牙籤串起來（**a**）。

3　混合A材料。把小麥粉稍微撒在步驟**1**和步驟**2**的食材上後，浸泡入A材料中（**b**），撒上麵包粉。

4　把炸油倒進平底鍋，差不多7～8mm深度左右，把油加熱至160℃左右，先油炸蔬菜，把油瀝乾。把油的溫度加熱至180℃，放進魚貝油炸。因為油量會變少，所以請不要一次把所有的蔬菜、魚貝丟進油鍋，在麵衣凝固之前，請不要隨意翻動，同時還要在中途翻面，讓食材完全熟透（**c**）。油炸過程所產生的油渣容易焦黑，所以要用網勺仔細撈出。

5　全部的食材都炸好之後，把油瀝乾，裝盤，附上檸檬。也可以依個人喜好撒上鹽、胡椒。

a

蔬菜要切之前，要先把水分確實擦乾。如果維持濕潤狀態，麵衣會變得黏稠，無法變得酥脆。

b

利用小麥粉和水製作麵衣，就能讓食材變得酥脆。同時，麵包粉也要均勻。

c

兩面都要炸得酥脆，泡泡變得小之後，就可以撈起了。

> **美味加分！**
>
> 濱內老師的話

理想的炸物是，外側酥脆、內側濕潤，沒有半點乾柴口感。理想炸物的製作方法有3個重點。首先就是油必須適溫。水分較多的蔬菜要慢條斯理地酥炸，所以要採用低溫，魚貝類則要採取高溫短時間油炸，炸出鮮嫩多汁的炸物。接著，就是食材放進油鍋之後，在麵衣還沒有凝固之前，不要挪動炸物。最後就是把油確實瀝乾。在熱油上輕甩之後，把炸物平擺在網架上，避免重疊。

鬆軟香甜的美味

南瓜沙拉

1 人份
118kcal

南瓜泥和水煮南瓜拌製而成的創意料理。利用確實調味的鹽味，讓兩種口感的南瓜甜味更加鮮明，最後再用葡萄酒鎖住味道，讓人百吃不厭。

材料（2～3人份）

南瓜 ……………………………… 200 g
美乃滋 …………………………… 2大匙
白酒 ……………………………… ½ 大匙
杏仁片※ ………………………… 10 g
鹽 ……………………………… 少於¼小匙
胡椒 ……………………………… 適量

※ 杏仁片要用平底鍋稍微炒過。

製作方法

1 南瓜帶皮切成一口大小，蓋上保鮮膜，用微波爐（600W）加熱3分鐘（**a**），趁熱的時候，把⅕份量的南瓜壓碎，混入葡萄酒（**b**），放涼。

2 把美乃滋、鹽、胡椒混入步驟 **1** 的南瓜裡，再把剩下的南瓜放入混合。

3 裝盤，撒上杏仁。

a

只要覆蓋上保鮮膜，水分就不會流失，美乃滋就不容易滲入。只要少量就可以沾滿食材，也可以防止美乃滋使用過量。

b

南瓜只要趁熱混入葡萄酒，就可以讓酸味和鮮味完全滲入，使味道更加濃縮。

| 美味加分！ | 濱內老師的話 |

美乃滋有7成是油。南瓜製成南瓜泥之後，就會不斷吸入美乃滋，導致攝取過多的熱量和鹽，所以要多加注意。因此，混入南瓜泥的美乃滋要盡可能減少使用，然後再把它製作成拌料，和切塊的南瓜拌製。這樣一來，就可以在維持低熱量的同時，製作出更棒的味道。

熟透的萵苣清脆爽口！

萵苣湯

1 人份
61kcal

充分享受萵苣的清爽咬勁和香甜吧！湯要盡可能使用萵苣外側的綠色菜葉。靠近中心的菜葉加熱後，就會變成茶色。

材料（2人份）

萵苣（切成一口大小）………… 200 g
洋蔥 ……………………………… ¼ 顆
培根 ……………………………… 1片
水 ……………………………… 1又 ½ 杯
鹽 ……………………………… ⅓ 小匙
胡椒 ……………………………… 少許

製作方法

1 洋蔥切片，培根切成細條，放進鍋裡，蓋上鍋蓋，用較小的中火烹煮。偶爾攪拌一下，持續翻炒直到洋蔥變軟，產生香氣為止（**a**）。

2 加進水，把湯煮沸。在上桌之前放進萵苣（**b**），快速煮沸後，用鹽、胡椒加以調味。

a

確實翻炒，就可以把誘出的食材鮮味與甜味當成湯底，所以不需要清湯。

b

因為希望短時間煮熟萵苣，所以放入後，要改用大火，讓整體充分混合。

1 人份
944kcal

天婦羅拼盤

竹筍飯

蛤蜊湯

品嚐季節的美味菜單

主菜	天婦羅拼盤
主食	竹筍飯
湯	蛤蜊湯

菜色變化➡ 香菇湯（→p.75）
菜色變化➡ 蜆湯（→p.113）
菜色變化➡ 花蛤味噌湯（→p.189）

熱騰騰的天婦羅，搭配上充滿季節感的竹筍飯和湯品，春天至初夏期間都想製作的美味菜單。因為符合節令的竹筍飯是菜單的主角，所以不需要副菜。天婦羅的食材採用不分季節的鮮蝦和蔬菜，主食採用的竹筍、湯品所使用的蛤蜊和裙帶菜、山椒葉，則全都使用當季的食材。如果是秋冬季節的菜單，則可以採用香菇飯或栗子飯，湯的部分就使用寒冷季節格外鮮甜的蜆、蕪菁等食材吧！

前置作業時程表

事前準備	製作高湯
	蛤蜊吐沙
	把天婦羅的材料放涼
	↓
1小時前	洗米，白米泡水
	↓
30分鐘前	開始煮竹筍飯
	準備天婦羅的材料
	↓
15分鐘前	製作蛤蜊湯
	溫熱天婦羅沾醬
	↓
10分鐘前	炸天婦羅

營養加分！

竹筍含有豐富的食物纖維，含有各種不同的氨基酸。烹煮後的竹筍會產生白色顆粒，那些顆粒是名為酪胺酸的氨基酸，與大腦和神經的正常作用有關。

美味關鍵！

偶爾用鍋子烹煮白飯

季節性的蒸飯，光是想到就令人口水直流，如果要進一步增添特別感，就試著用鍋子煮飯吧！只要用照片般的羽釜、偏厚的琺瑯鍋、砂鍋烹煮，鍋底的米飯就會格外芳香、美味。141頁有炊煮方法的介紹。完美炊煮的方法就是盡可能使用較厚的鍋子。只要不要讓米飯溢出，堅守在鍋子旁邊，再設定好烹煮時間就沒問題了。

享受唯有酥炸才有的美味

天婦羅拼盤

1 人份
610kcal

天婦羅的重點就是酥脆。品嚐油炸的酥脆是最重要的關鍵。充分做好事前準備後，再進行酥炸吧！關鍵是保持麵衣的冰涼溫度，同時不要過度混合。天婦羅沾醬也可以依個人喜好，更換成鹽。

材料（2人份）

鮮蝦（帶殼無頭）	4尾
蓮藕	4cm
馬鈴薯（小）	1顆
洋蔥（小）	½顆
麵衣	
小麥粉	1杯
蛋黃	1顆
水	1杯
天婦羅沾醬	
高湯	⅔杯
醬油	2大匙
味醂	2大匙
小麥粉、炸油	各適量
蘿蔔泥、薑末	各適量

製作方法

1　蝦子留尾去殼，去掉沙腸。把尾巴的前端切斷，擠出裡面的水分。在腹側切出3～4道刀痕，像是拉開般，把筋折斷，把身體拉直。

2　蓮藕去皮，一邊修整成花形，切成4等分的片狀。馬鈴薯切成5mm的棒狀，洋蔥切成片。

3　<u>麵衣材料中的蛋黃和水預先冷卻後</u>，放進碗裡混合，一邊撒入小麥粉，<u>快速混合</u>（**a**、**b**）。

4　把小麥粉輕撒在步驟 **1** 的蝦子上，並浸泡入步驟 **3** 的麵衣裡，放進175℃的炸油中酥炸，<u>不要翻動</u>。<u>聲音和泡泡變小</u>，用菜筷夾起時，<u>感覺重量變輕後</u>，就可以撈起（**c**）。用濾網把油瀝乾。

5　撈除油渣後，關小火，讓油下降至160℃。蓮藕輕撒上小麥粉，裹上麵衣，放進油鍋裡酥炸。

6　撈除油渣後，讓油溫上升至170℃。把馬鈴薯和洋蔥快速混入剩下的麵衣中，裹上麵衣後，加入適量的小麥粉混合。

7　把步驟 **6** 的馬鈴薯和洋蔥放在較小的湯勺裡，從炸鍋的邊緣放入（**d**）。一邊用菜筷讓食材靠在一起，<u>在不翻動的情況下酥炸</u>，等表面凝固後，把食材移動到炸鍋的正中央，把食材完全炸熟。只要用菜筷夾起時，感覺食材變輕，就可以撈起。把油瀝乾。

8　把步驟 **4**、**5**、**7** 的食材盛裝到鋪了白紙的容器上。天婦羅沾醬混合加熱後，附上。再依個人喜好，附上蘿蔔泥、薑末。

a

撒上粉之後，就不容易產生黏性，就可以炸得酥脆。麵衣不要擺放在爐台旁邊，避免溫度變高。

b

麵衣如果用打泡器攪拌，就容易產生黏性。要在保留點粉末的狀態下停止攪拌。

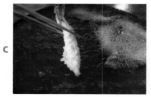
c

食材放進油鍋裡面後，聲音和泡沫都會變大，接著就會變小。只要仔細觀察、聆聽，注意油鍋裡的變化就行了。

d

炸什錦要用較少的份量。只要用菜筷讓食材靠在一起，把表面炸得酥脆就行了。

飄散筍香的美味米飯

竹筍飯

滲入高湯鮮味的米飯和咬勁十足的竹筍，充滿魅力。肯定讓人想再來一碗的美味。切碎的山椒葉讓整體的味道更加明顯。

材料（較容易製作的份量）

米	2米杯
竹筍（水煮）	1小根
日式豆皮	½ 片
A 高湯	2杯
淡口醬油	1大匙
味醂	1大匙
鹽	少許
山椒葉	適量

製作方法

1　洗米後，加入淹過白米的水量浸泡，等白米變白後，用濾網撈起。

2　竹筍切掉前端後，切成片，根部的部分切成2cm方形的薄片。日式豆皮切成3cm長的細絲。

3　把步驟 1 的白米和A材料放進鍋裡，稍微攪拌後，鋪上步驟 2 的食材，蓋上鍋蓋。開大火烹煮，冒出水泡後，改用小火，持續烹煮10分鐘。把鍋子從爐上移開，悶蒸10分鐘左右，充分混合整體（ a ）。裝到碗裡後，撒上山椒葉。

a

悶蒸之後，蒸氣會滲入米飯，使米飯豐滿，充滿粘性。悶蒸完成後，馬上混合攪拌，讓多餘的水分揮發。

充分運用奢華的貝類鮮味

蛤蜊湯

日語中的潮汁就是指用魚貝類烹煮的清湯。因為鮮味來自於食材本身，所以新鮮度格外重要。找尋好的食材吧！搭配上與蛤蜊相同季節的裙帶菜，增添口感和海洋香氣吧！

材料（2人份）

蛤蜊	4顆
生裙帶菜	適量
A 昆布	5cm
水	1又½杯
酒	3大匙
鹽	少許
山椒葉	適量

製作方法

1　蛤蜊在海水程度的鹽水（約3%，份量外）中浸泡2～3小時，蓋上鍋蓋，吐沙後，把殼充分搓洗乾淨。

2　裙帶菜清洗乾淨，把水擠掉，切成容易食用的大小。

3　把步驟 1 和A材料放進鍋裡，用較小的中火烹煮，在沸騰之前把昆布取出。蛤蜊開口後，試一下味道，用鹽調味，加入步驟 2 的裙帶菜，溫熱裙帶菜。

4　湯盛裝在碗裡後，放上山椒葉。

1 人份
503kcal

韭菜蛋花湯

麻油拌豆芽白菜

白飯

炸旗魚

預先準備	製作高湯
	↓
1小時半前	洗米，白米泡水
	把旗魚浸泡在淹汁裡
	↓
1小時前	開始煮飯
	↓
30分鐘前	製作麻油拌豆芽白菜
	↓
15分鐘前	開始製作炸旗魚
	↓
上桌前	煮湯

營養加分！

醇厚的雞蛋和香味強烈的韭菜相當對味。而且韭菜含有不亞於雞蛋的β胡蘿蔔素和維他命C、食物纖維，雞蛋則有不亞於韭菜的豐富蛋白質。不光是味道，在營養上也有互補的作用。

菱沼孝之老師傳授

咬勁十足的炸魚菜單

主菜	炸旗魚

副菜 **麻油拌豆芽白菜**
菜色變化➔ 浸菠菜（→p.51）
菜色變化➔ 煎煮日本油菜和日式豆皮（→p.115）

湯 **韭菜蛋花湯**
菜色變化➔ 雜燴湯（→p.51）　菜色變化➔ 蕃茄金針菇蛋花湯（→p.104）
菜色變化➔ 澤湯（→p.179）

主食 **白飯**

確實醃浸入味的旗魚，沾上稀疏的太白粉麵衣酥炸，製作成咬勁十足的炸旗魚。考量到營養均衡的問題，副菜和湯就採用大量的蔬菜吧！副菜藉由豆芽和白菜的搭配，產生出更好的口感，芝麻醋的香氣和清爽口感也能助上一臂之力，讓主菜的味道不那麼單調。湯裡的韭菜香氣令人印象深刻。雞蛋也能增添份量，給人飽足感。

炸旗魚

1人份
198kcal

在咀嚼過程中，不斷滲出的旗魚美味。原以為味道相當清淡，卻能在咀嚼過程中感受到醬油味充分發揮的濃郁鮮味。旗魚容易炸焦，所以開始出現色澤時，就盡早從油鍋中撈起吧！覺得差不多的時候，就快點撈起來吧！

材料（2人份）

旗魚（魚塊）……………………………2塊
A ┌ 醬油 ……………………………1大匙
  │ 酒 …………………………………1大匙
  └ 味醂 ……………………………1大匙
太白粉 …………………………………適量
炸油 ……………………………………適量
檸檬（梳形切）…………………………2塊

製作方法

1 1塊旗魚切成3～4塊。在碗裡混合A材料，放進旗魚，塗滿淹料，在冰箱裡醃浸1小時左右（**a**）。醃浸到一半的時候，要再混合攪拌一下，讓旗魚的醃浸更加平均。

2 把步驟 **1** 的旗魚的水分瀝乾，塗上太白粉，並放進加熱至165℃的油鍋裡油炸（**b**）。

3 表面炸得酥脆後，把油瀝乾（**c**），擺放到鋪了白紙的盤裡，附上檸檬。

a

花時間讓醃料充份入味。也可以放進塑膠袋裡面，去除袋內的空氣醃漬。※照片中的份量比指定份量多。

b

調味料滲入後，魚塊容易變焦，所以油溫要比一般炸天婦羅或炸魚時更低。

c

用菜筷夾起魚塊，在鍋子上方停留一下，把油瀝乾。再放置到濾網上，確實把油瀝乾。

麻油拌豆芽白菜

1人份
92kcal

豆芽菜的清脆、白菜的鬆脆融合在一起，孕生出獨一無二的絕妙口感。除了調味之外，事先處理時也要使用醋，讓豆芽更加白嫩。

材料（2人份）

白菜 ……………………………3小片
豆芽菜 …………………………½袋
醋 ………………………………1小匙
芝麻醋
　芝麻油 ………………………1大匙
　醬油 …………………………1大匙
　醋 ……………………………1大匙
白芝麻 …………………………適量

製作方法

1 白菜把菜葉和菜梗分開，菜葉與纖維呈直角切條，菜梗斜切成細條。豆芽菜清洗後，瀝乾水分。

2 先在碗裡混合芝麻醋的材料。

3 把1.5ℓ的熱水煮沸，把醋加入後放進白菜，煮沸後，放進豆芽菜快速烹煮，再用濾網撈起。讓水分快速揮發，趁熱的時候，放進步驟 **2** 的芝麻醋，拌勻（**a**）。

4 裝盤，用手指撒上芝麻。

a

只要趁熱和調味料一起拌勻，蔬菜就能更容易入味。

韭菜蛋花湯

1人份
45kcal

黃色和綠色，色彩對比美麗的一道。韭菜和雞蛋的味道十分契合，可以為彼此增色不少。記住倒入蛋液的訣竅，依照個人喜好，把蛋液煮熟吧！

材料（2人份）

韭菜 ……………………………½把
雞蛋 ……………………………1顆
A ┌ 高湯 ………………………1又½杯
  │ 淡口醬油 …………………2小匙
  │ 酒 …………………………少許
  └ 鹽 …………………………⅓小匙

製作方法

1 韭菜去掉根部，切成4cm長。先把根部和葉子部分分開。

2 在鍋裡混合A材料煮沸，把步驟 **1** 的韭菜根部放入，稍微攪拌後，再放入葉子部分。

3 把雞蛋打成蛋液。用湯勺充分攪拌步驟 **2** 之後，緩緩倒入蛋液（**a**），煮透。

a

只要從較高處倒下蛋液，流出的蛋液自然就會變細長。只要充分攪拌高湯，讓高湯轉動，就能讓蛋液均勻遍佈。

143

1 人份
718kcal

白飯

芹菜炒腰果

辣醬鮮蝦

茄子湯

中華受歡迎的辣醬鮮蝦菜單

主菜	**辣醬鮮蝦**

副菜 **芹菜炒腰果**
菜色變化 ➜ 白菜炒榨菜（→p.45）
菜色變化 ➜ 一味鹽醃蘿蔔（→p.101）
菜色變化 ➜ 炒馬鈴薯絲（→p.151）

湯 **茄子湯**
菜色變化 ➜ 蛋花湯（→p.47）
菜色變化 ➜ 紫菜芝麻湯（→p.61）
菜色變化 ➜ 榨菜豆腐湯（→p.101）

主食 **白飯**

大人、小孩都喜歡的中式家常菜「辣醬鮮蝦」。酸甜中帶著麻辣，是道非常下飯的料理。製作方法並不難，只要逐一照著步驟執行，就可以在家裡製作出正統的味道。主菜是口味比較重的料理，所以副菜就利用芹菜和腰果的絕佳咬勁來製作出簡單味道，使菜色更添變化。湯則是顏色和辣醬鮮蝦產生美麗對比的茄子湯。使整體成為一份可充分享受全新中華風味的菜單。

前置作業時程表

事前準備	製作雞湯
↓	
1小時半前	洗米，白米泡水
↓	
1小時前	開始煮飯
↓	
45分鐘前	搓洗鮮蝦，醃浸入味
↓	
30分鐘前	茄子切好烹煮
↓	
20分鐘前	開始製作辣醬鮮蝦
↓	
10分鐘前	製作芹菜炒腰果 煮茄子湯

營養加分！

促進食慾的辣椒。其辛辣的口感源自於辣椒鹼這個成分。辣椒鹼可以促進血液循環、發汗，使身體體溫熱，同時也有助於脂肪的代謝及免疫力提升。另一方面，辣椒鹼也有刺激黏膜的作用，所以建議不要一次攝取過多。

美味關鍵！

鮮蝦的事先處理

這本書的中華菜單中，經常使用到鮮蝦。為了充分品嘗鮮蝦的甘甜和鮮味，事前的仔細處理是絕對必要的。不管採用哪種料理方法，處理的方式一律相同。這裡就以帶殼的無頭蝦為例，為大家做個介紹。

鮮蝦去掉外殼和尾巴，用竹籤去掉蝦背的沙腸。放進碗裡，加入3撮鹽、4大匙太白粉和½杯水搓洗，讓太白粉吸附鮮蝦的髒汙。鮮蝦的髒汙釋出後（照片），換水，把鮮蝦清洗乾淨，再用毛巾包裹，確實去除水分。

辣醬鮮蝦

1 人份
285kcal

小林風格的「辣醬鮮蝦」，關鍵就在於蕃茄。蕃茄的清爽、自然酸味，使蕃茄醬特有的甜味和香氣變得溫和，同時也能產生新鮮感，孕育出鮮明且灑脫的味道。蕃茄如果炒太久，就會變得軟爛，所以就快速炒過，保留蕃茄的外形吧！這道料理的主角，也就是蝦鮮，也要避免煮得太久。讓煎蛋裹上美味的湯汁，把它一滴不剩地吃個精光吧！

材料（2人份）

鮮蝦（帶殼無頭）		14尾
蕃茄		1顆
雞蛋		2顆
A	酒	1小匙
	鹽、胡椒	各少許
	蛋液	1大匙
	太白粉	1大匙
	沙拉油	少許
B	蒜頭（切末）	2小匙
	薑（切末）	1小匙
豆瓣醬※		1又½小匙
C	雞湯（→p.63）	¾杯
	蕃茄醬	3大匙
	酒	2小匙
	砂糖	1又½小匙
	鹽	¼小匙
太白粉水		2小匙
醋		少許
沙拉油		3大匙

※ 豆瓣醬是由蠶豆、鹽、辣椒發酵熟成的調味料。用小火確實翻炒，讓整體完全熟透，就能增添濃郁，香氣也會變得明顯。

製作方法

1 鮮蝦去掉外殼和尾巴，去掉沙腸。參考145頁，充分搓洗後，去除水分。

2 把步驟 **1** 的鮮蝦放進碗裡，加入A材料，輕輕搓揉入味（**a**）。

3 蕃茄挖掉蒂頭，切成8等分的梳形切。C材料混合備用。

4 在鍋裡把水煮沸後，放入步驟 **2** 的鮮蝦，快速煮過，顏色改變之後，用濾網撈起。

5 平底鍋加熱，倒入2大匙沙拉油，改用小火後，放進B材料，仔細翻炒。產生香氣後，加入C材料，並加入步驟 **3** 的蕃茄和步驟 **4** 的鮮蝦後，關火。

6 把另一個平底鍋加熱，塗上剩餘的1大匙沙拉油，倒入蛋液，用大火翻炒雞蛋後，倒入步驟 **5** 的平底鍋裡（**b**）。用大火拌炒，加入太白粉水煮沸，湯汁呈濃稠之後，加入醋。

a

鮮蝦搓揉入味時，不要太過用力。如果力道過大，蝦身就會碎爛，失去彈性。

b

炒雞蛋的期間，鮮蝦的平底鍋要關火，避免持續加熱。雞蛋炒好後，再次開大火翻炒。

簡單卻有著神奇的餘韻

芹菜炒腰果

1人份
215kcal

只要把清脆、咬勁十足、香氣鮮明的芹菜，和味道濃郁、圓潤的腰果一起翻炒就行了。這道簡單料理的濃厚味道來自於辣椒、花椒、蒜頭。只要讓3種風味融合一體，就能產生更棒的香氣和味道。

材料（2人份）

芹菜	1根
腰果（烤）	50g
辣椒	2根
花椒（粒）	15粒
蒜頭	1瓣
沙拉油	1大匙
A ┌ 雞湯（→p.63）	½杯
A ├ 鹽	½小匙
A └ 砂糖	1小撮

製作方法

1 芹菜去掉菜葉和老筋，切成容易食用的大小。辣椒1根切成3～4塊，去掉辣椒籽。蒜頭切片。

2 平底鍋加熱，塗上沙拉油，開中火，放進蒜頭翻炒。

3 食材產生香氣後，加入A材料煮沸，加入芹菜、腰果（**a**）、辣椒、花椒（**b**），開大火，快速拌炒。

有些腰果偏鹹，所以要試過味道後再調整A的鹽量。

雖然使用了大量的花椒，可是，因為是粗粒類型，所以味道不會那麼刺激。如果是粉末的話，使用 ⅓ 小匙就夠了。

味道和口感都很溫和

茄子湯

1人份
50kcal

茄子不光是顏色，就連輕微的香氣和味道也都深具魅力。引誘出這種味道的關鍵不是鹽，而是砂糖。為避免甜味太過突兀，砂糖用來提味就好。

材料（2人份）

茄子	2條
雞湯（→p.63）	3杯
A ┌ 酒	1小匙
A ├ 鹽	⅔小匙
A └ 砂糖	⅓小匙
太白粉水	1又½大匙

製作方法

1 茄子去皮切成5mm丁塊狀，馬上放進熱水裡，快速煮過（**a**）後，泡進水裡，讓顏色固定，再用濾網撈起，把水分瀝乾。

2 把雞湯倒進鍋裡煮沸，加入A材料，調味。

3 加入太白粉水煮沸，湯汁呈稠狀之後，加入步驟 **1** 的茄子，烹煮一段時間，直到入味。

茄子切開，經過一段時間後，就會變色，所以要預先把熱水煮沸，切開後再馬上放進熱水裡快速煮就行了。

炒馬鈴薯絲

粉絲咖哩湯

鮮蝦燒賣

小林武志老師傳授

享受口感搭配的中華菜單

主菜 # 鮮蝦燒賣

副菜 # 炒馬鈴薯絲

菜色變化 ➡ 白菜炒榨菜（→p.45）
菜色變化 ➡ 涼拌無菁蕃茄（→p.47）
菜色變化 ➡ 芹菜炒腰果（→p.147）

湯 # 粉絲咖哩湯

菜色變化 ➡ 豬五花的紅白蘿蔔湯（→p.45）
菜色變化 ➡ 蛋花湯（→p.47）
菜色變化 ➡ 干貝萵苣湯（→p.154）

主食 # 白飯

使用了大量鮮蝦的美味燒賣，清淡的鮮蝦加上豬五花肉，增添燒賣的甜味和油脂。利用魚貝和肉的相乘效果，使燒賣的內餡更加美味。讓這種奢華味道更加鮮明的副菜則是炒馬鈴薯絲。馬鈴薯的清脆咬勁，讓燒賣的柔嫩口感更加鮮明。兩道料理都是以鹽味為基礎，所以湯就利用咖哩粉來添加香氣和辛辣感吧！變化豐富的菜單內容讓人百吃不膩。

前置作業時程表

事前準備	製作雞湯
	↓
1小時半前	洗米，白米泡水
	↓
1小時前	開始煮飯
	↓
45分鐘前	製作鮮蝦內餡
	↓
20分鐘前	用燒賣皮包燒賣 預先處理馬鈴薯 預先處理湯的配菜
	↓
10分鐘前	蒸煮鮮蝦燒賣 炒馬鈴薯絲 煮湯

營養加分！

湯裡面所使用的裙帶菜含有豐富的食物纖維。加熱不久後會釋出的黏稠成分也是食物纖維的一種。食物纖維具有把腸內廢物排出體外的作用，有助於身體的排毒。

美味關鍵！

燒賣的美麗包法

燒賣和煎餃（→p.100）一樣，同樣是家庭裡所熟悉的中式料理。只要讓燒賣皮和內餡完美融成一體，就可以更加美味。使用鮮蝦內餡，製作出港式風格的燒賣。

1	2	3

燒賣和水餃不同，燒賣的皮沒有密封，所以就算塞入大量的內餡也沒問題。標準是2大匙左右。

用手輕握住燒賣皮，用刮刀把餡料推入指縫之間。

最後緊握著上端，讓皮和內餡緊密貼合，一邊塑形。

鮮蝦燒賣

鮮蝦、豬肉、洋蔥。為了將這3種食材本身的味道發揮到極緻，同時將3種味道融為一體，要利用蛋白等把各種食材揉搓混合。透過各個食材的作用，充分享受香氣在輕咬的同時擴散的美味燒賣吧！

1 人份
255kcal

材料（25個分）

鮮蝦（帶殼無頭）		350 g
豬五花片		80 g
洋蔥		80 g
太白粉		1大匙
燒賣皮※1		25片
A	蛋白	1顆
	蔥油※2	1大匙
	砂糖	1又½小匙
	酒	1小匙
	芝麻油	1小匙
	鹽	⅔小匙
	醬油	½小匙
	胡椒	少許
	水	2大匙
薑（切絲）		適量
醋		適量
芥末醬、醬油		各適量

※1 燒賣皮使用加蛋類型。也可以使用一般的皮。
※2 長蔥的綠色部分（切蔥花）70g和1杯沙拉油一起用中火加熱10分鐘左右，等蔥變黑之後，再用紙巾過濾，就可以製作出蔥油。沒有蔥油的時候，就用沙拉油代替。

製作方法

1 鮮蝦去掉外殼和尾巴，去掉沙腸。參考145頁的處理方式，充分搓洗後，去除水分。拍打蝦肉，把蝦肉切成略粗的碎塊。

2 豬肉切條。洋蔥切成碎末，撒上太白粉。

3 把步驟 **1** 的鮮蝦和步驟 **2** 的豬肉放進碗裡，充分混合搓揉，產生黏性後，加入A材料，進一步仔細搓揉。最後加入洋蔥，快速混合（**a**）。

4 把步驟 **3** 的內餡放在燒賣皮上，用刮刀推壓入燒賣皮內，一邊塑形。

5 把烹飪紙鋪在蒸籠（或蒸煮器）上，把步驟 **4** 的燒賣放進蒸籠裡，在蒸氣持續冒出的狀態下蒸煮10分鐘左右。

※如果使用蒸煮器的話，要在蓋子上塞進毛巾，防止水滴落。

6 附上在醋裡面加了薑絲的薑醋、芥末醬和醬油。

a

內餡完成。首先，和調味料充分搓揉，使內餡均勻混合，溶出蝦肉的鮮味。洋蔥會釋出水分，所以要最後再放入。

美味加分！

小林老師的話

鮮蝦燒賣除了芥末醬和醬油外，還要附上醋和薑絲。在中國，這是相當普遍的方式，蒸餃和小籠包等也是一樣。因為內餡充滿大量的甜味和脂肪，所以如果沾薑醋，濃厚的味道就會變得溫和且清爽。酸味也具有增添內餡味道的效果。請務必試試看。

享受令人驚嘆的清脆口感

炒馬鈴薯絲

1 人份
129kcal

宛如吃生蔬菜般的口感。這種口感正是這道料理的重點，所以就用簡單的黑醋和辣椒來調味吧！泡水後烹煮，去除澱粉後，就可以產生清脆的口感。

材料（2人份）

馬鈴薯（May Queen）⋯⋯⋯⋯2顆
沙拉油 ⋯⋯⋯⋯⋯⋯⋯⋯⋯⋯1大匙
┌ 雞湯（→p.63）⋯⋯⋯⋯⋯½杯
│ 鹽 ⋯⋯⋯⋯⋯⋯⋯⋯⋯⋯¼小匙
A │ 砂糖 ⋯⋯⋯⋯⋯⋯⋯⋯⋯¼小匙
│ 黑醋 ⋯⋯⋯⋯⋯⋯⋯⋯⋯¼小匙
└ 黑胡椒 ⋯⋯⋯⋯⋯⋯⋯⋯⋯少許

製作方法

1 馬鈴薯切絲，泡水2分鐘，去除馬鈴薯的澱粉，用濾網撈起。把A材料混合攪拌。

2 用熱水汆燙步驟 **1** 的馬鈴薯20秒，馬鈴薯用濾網撈起，瀝乾水分。

3 平底鍋加熱，塗上沙拉油，開大火，放入步驟 **2** 的馬鈴薯，一邊翻炒一邊加入A材料。在維持大火的情況下，快速翻炒，水分揮發，充分入味後，裝盤，撒上黑胡椒。

a

黑醋使用中國的鎮江香醋。也可以使用國產的醋。不敢吃黑醋的人，也可以使用一般的米醋。

滑溜口感

粉絲咖哩湯

1 人份
124kcal

口感超對味的粉絲和裙帶菜，加上咖哩粉後，產生出不可思議的味道。咖哩的美味關鍵在於鹽味，用鹽提味，增添湯的香甜味道吧！

材料（2人份）

粉絲（乾燥）⋯⋯⋯⋯⋯⋯⋯⋯20 g
生裙帶菜 ⋯⋯⋯⋯⋯⋯⋯⋯⋯50 g
長蔥 ⋯⋯⋯⋯⋯⋯⋯⋯⋯⋯⋯5 cm
咖哩粉 ⋯⋯⋯⋯⋯⋯⋯1又½小匙
沙拉油 ⋯⋯⋯⋯⋯⋯⋯⋯⋯1大匙
┌ 雞湯（→p.63）⋯⋯⋯⋯⋯3杯
A │ 鹽 ⋯⋯⋯⋯⋯⋯⋯⋯⋯⋯1小匙
└ 砂糖 ⋯⋯⋯⋯⋯⋯⋯⋯⋯⋯少量

製作方法

1 粉絲用熱水汆燙、泡軟。用濾網撈起放涼，切成段。裙帶菜泡入熱水後再沖冷水，瀝乾水分，切成段。

2 長蔥切成細末。

3 平底鍋加熱後，塗上沙拉油，放入咖哩粉（ **a** ），用小火炒到產生香氣為止。加入A材料、步驟 **2** 的長蔥，煮沸後加入步驟 **1** 的粉絲溫熱。

a

首先，要用油熱炒咖哩粉，這樣不僅能誘出香氣，更容易和湯溶合。

1 人份
817kcal

干貝萵苣湯

皮蛋豆腐

鮮蝦春捲

前一天	乾干貝泡水 ↓
事前準備	煮雞湯 ↓
1 小時半前	洗米，白米泡水 ↓
1 小時前	開始煮飯 豆腐瀝乾水分 ↓
45 分鐘前	製作春捲內餡 ↓
30 分鐘前	用春捲皮製作春捲 ↓
15 分鐘前	煮湯，把萵苣裝入碗裡 盛裝皮蛋豆腐 （不淋沾醬） ↓
10 分鐘前	炸春捲 ↓
上桌前	重新把湯加熱，沖淋萵苣 淋上皮蛋豆腐的沾醬

營養加分！

豆腐如果製成藥膳，就可以在去
除體內餘熱的同時滋潤體內。這
個作用有利於消除便祕。副菜用
來調味的芝麻油，也具有相同的
作用。

小林武志老師傳授

想吃清淡點的時候的中華菜單

主菜 ### 鮮蝦春捲

副菜 ### 皮蛋豆腐

菜色變化⊳ 涼拌蕪菁蕃茄（→p.47） 菜色變化⊳ 薑汁茄子（→p.65）
菜色變化⊳ 煎櫛瓜佐芝麻芥末醬（→p.159）

湯 ### 干貝萵苣湯

菜色變化⊳ 中式玉米湯（→p.65） 菜色變化⊳ 粉絲咖哩湯（→p.151）
菜色變化⊳ 牛絞肉羹（→p.211）

主食 ### 白飯

炸得酥脆的春捲，是小孩、大人都
喜歡的熱門菜色。這裡利用鮮蝦內
餡，製作出廣東料理風味的春捲，
再搭配上口味清淡的皮蛋豆腐和萵
苣湯，製作出輕食風味般的菜單。
就算沒有肉，干貝的濃厚鮮味和皮
蛋的濃郁美味，仍舊可帶來充實的
飽足感。想吃優質輕食的時候，就
選擇這份菜單吧！

鮮蝦春捲

吃的時候,清脆聲響持續不斷,鮮蝦的鮮味同時在嘴裡擴散。用來提味的豬五花肉,可以讓鮮蝦本身的味道更加鮮美。利用小林風格的豐滿捲法,把確實搓揉的2種內餡包裹起來。也可以切成一口大小,當成便當的配菜。因為份量比外觀更有飽足感,所以1人一條就十分足夠了。

材料(較容易製作的份量 6本分)

材料		份量
春捲皮		6片
去殼蝦		300 g
豬五花肉片		80 g
A	鹽	1又½小匙
	胡椒	少量
	砂糖	1又½小匙
	太白粉	2小匙
	芝麻油	1小匙
酒		1大匙
蛋白		30 g
花椒(粉末)、鹽		各適量
小麥粉		適量
炸油		適量

製作方法

1 鮮蝦用竹籤去除沙腸。放進碗裡,用水清洗,並利用145頁的方式搓洗,瀝乾水分。豬肉切成細末。用適量的水溶解小麥粉,製作粉漿。

2 把鮮蝦切成4～5塊,和豬肉、A材料一起搓揉混合,把餡料搓揉出黏性(**a**)。酒和蛋白也要混合,分成6等分。

3 讓春捲皮的粗糙面向上,擺放上步驟 **2** 的內餡(⅙的份量)。把兩邊折起(**b**),從外側往內捲1圈,用粉漿黏住春捲皮。接著,以大幅捲繞的方式捲起春捲皮,最後塗上粉漿,黏住春捲皮(**c**)。一共製作6條春捲(製作2人份時,另外4條就冷凍保存)。

4 把炸油加熱至120℃,放進2條步驟 **3** 的春捲(**d**)。用中火提高油溫,一邊進行酥炸,溫度達到170℃後,維持油溫,把春捲炸至焦黃色為止。

5 裝盤,附上混合的花椒粉和鹽。

a

為了讓材料融為一體,要一邊按壓一邊搓揉混合。

b

從春捲皮的上方緊壓內餡的邊緣,使內餡更緊密,炸春捲的時候,就不容易皮肉分離。

c

春捲製作完成。酥炸時,油會通過春捲皮之間的縫隙,就比較容易熟透。

d

就算放入春捲皮,仍不會產生大氣泡的溫度,就是120℃。達到170℃以後,春捲皮的周圍就會產生許多氣泡。

美味加分!

小林老師的話

鮮蝦春捲可以多做一點,放進冷凍庫裡保存。春捲放進密封容器保存時,不要讓春捲重疊,避免壓到春捲皮。油炸的時候,方法與步驟4相同,請直接把冷凍狀態的春捲放進120℃的油裡。這時候,溫度會急遽下降,所以需要花點時間,不過還是可以炸得美味。

加上創意的中國家常菜

皮蛋豆腐

把豆腐和皮蛋拌勻，讓豆腐更濃郁、皮
蛋更美味。美味的關鍵就是大量的配
料。藉此增添口感、清爽的香氣、鮮
味，製作出更上一層的味道。

材料（2人份）

木綿豆腐	1塊
皮蛋	2顆

配料

櫻花蝦（切末）	1大匙
長蔥（切末）	1大匙
個人喜好的醃漬物（切末）	1大匙
小黃瓜（切末）	½根
白芝麻	少量

醬料

醬油	2小匙
醋	½小匙
芝麻油	½小匙
老酒	1小匙

製作方法

1 用紙巾包裹豆腐，輕輕瀝乾水
分，切成1.5cm塊狀。

2 皮蛋去殼，用削皮刀在手掌上
面，把皮蛋縱切成8等分、橫切成
4等分（**a**）。每切過一次，就要用
濕布擦拭一次刀子。

3 把步驟 **1** 的豆腐、步驟 **2** 的皮
蛋和配料拌勻，裝盤。再淋上混合
後的醬料。

a

使用削皮刀，柔軟的皮蛋比較不
會沾黏在刀上。另外，在手掌上
切，皮蛋的形狀比較不容易碎
裂。

上桌前淋上湯汁

干貝萵苣湯

干貝的豐富鮮味和鹽味、萵苣的清脆咬
勁和清爽香氣。即便是單靠食材天然味
道調味的料理，仍舊可以充分品嚐到食
材本身的美味。

材料（2人份）

乾干貝	50g
水	½杯
萵苣	¼顆
雞湯（→p.63）	3杯
醬油	1滴
鹽	⅓小匙
酒	1小匙
太白粉水	2～3大匙

a

好的乾干貝比較大塊，且中央呈
白色（右）。中間呈紅色的干貝
則是製造時加熱過度所致（左）。

b

勾芡的時候，要先加入份量 ⅓
的太白粉水，確認濃度後，再依
個人喜好，反覆添加。

製作方法

1 乾干貝（**a**）在水裡浸泡一
晚。萵苣撕成大片，放進碗裡。

2 把雞湯和浸泡乾干貝的湯汁一
起放進鍋裡，開火煮沸。把較大的
干貝揉散，用醬油、鹽、酒調味，
在湯稍微沸騰的時候，分2～3次混
入太白粉水，勾芡（**b**）。

3 在準備上桌之前，在步驟 **1** 的
萵苣上淋上滾燙的湯。

美味加分！ 小林老師的話

這道湯只是把熱湯淋在萵苣上而
已。這樣一來，萵苣就會呈現半生
不熟的狀態，蔬菜的軟爛和咬勁就
會更加明顯，輕微的香氣也就會更
加鮮明。也可以在萵苣上方擺放白
肉魚的生魚片，然後再淋上調味好
的滾燙雞湯。

第3章

雞蛋和豆腐

的兩菜一湯

想吃輕食的時候，或是休假日的午餐等時刻，

冰箱裡隨時都有的雞蛋和豆腐格外珍貴。

這兩種食材都是優質蛋白質，所以是相當適合當主菜的食材。

確實調味，製作出更好的口感吧！

不過，有時也要在副菜或湯裡放點肉或魚，藉此增加飽足感。

白飯

白薑麻薑湯

煎櫛瓜
佐芝麻芥末醬

麻婆豆腐

最下飯的麻辣料理菜單

主菜 麻婆豆腐

副菜 煎櫛瓜佐芝麻芥末醬

菜色變化➔ 涼拌蕪菁蕃茄（→p.47）
菜色變化➔ 一味鹽醃蘿蔔（→p.101）
菜色變化➔ 醋漬白菜（→p.211）

湯 白薑麻薑湯

菜色變化➔ 紫菜芝麻湯（→p.61）
菜色變化➔ 茄子湯（→p.147）
菜色變化➔ 干貝萵苣湯（→p.154）

主食 白飯

光是香氣就足以讓人垂涎欲滴的麻婆豆腐，清淡味道的豆腐和麻辣醬料的強烈對比深具魅力。為了充分品嚐主菜的強烈麻辣和鮮味，副菜和湯就採用溫和的味道。在吃過麻婆豆腐，舌尖還殘留著麻辣感的時候，品嚐水分豐富的煎櫛瓜、有著輕微薑香的湯，清涼感就會在嘴裡擴散。接著又會想再品嚐麻婆豆腐。不知不覺就讓人把桌上所有的菜全都吃個精光的美味菜色。

前置作業時程表

預先準備	煮雞湯
	製作麻婆豆腐的絞肉
	製作芝麻芥末醬
	↓
1小時半前	洗米，白米泡水
	↓
1小時前	開始煮飯
	↓
20分鐘前	製作煎櫛瓜
	↓
15分鐘前	製作麻婆豆腐
	↓
10分鐘前	煮湯

營養加分！

副菜的櫛瓜是南瓜的同伴，又稱為無蔓南瓜。深綠色的外皮含有 β 胡蘿蔔素，可幫助維持黏膜的健康。另外，櫛瓜也含有幫助排出多餘鹽分的鉀，以及預防老化同時有助於鈣質吸收的維他命C。

美味關鍵！

也可以製作成蓋飯

麻婆豆腐可以當成菜餚品嚐，也可以淋在白飯上，以蓋飯的方式享受。使用了花椒，可以品嚐到舌頭酥麻的正統味道，和白飯一起入口之後，麻辣感會變得比較溫和，變得更容易下飯。

麻婆豆腐

1人份
379kcal

挑逗食慾的辣椒香氣和鮮紅的色澤。只要用香辣的醬料烹煮豆腐，就能製作出深受日本人喜愛的家常中華料理。為避免豆腐的味道被濃厚的醬料壓過，豆腐要使用大豆味道比較濃厚的木綿豆腐。白飯也是不可欠缺的一項。

材料（2～3 人份）

木綿豆腐		1塊
豬絞肉		80 g
沙拉油		3大匙
A	酒	1大匙
	醬油	2小匙
	甜麵醬	1大匙
B	豆瓣醬	2小匙
	長蔥（切末）	½根
	蒜頭（切末）	1瓣
	豆豉	10 g（36顆）
C	雞湯（→p.63）	½杯
	醬油	1大匙
	酒	1大匙
	砂糖	少量
辣油		2大匙
太白粉水		1大匙
花椒（粉末）		適量

製作方法

1 木綿豆腐切成1.5cm的丁塊狀（**a**）。

2 把1大匙沙拉油放進平底鍋加熱，放進豬絞肉翻炒。豬肉完全變白，且釋出肉湯之後，進一步翻炒，讓水分完全揮發。把黏著在平底鍋上的鮮肉刮下來，並加入A材料，一邊讓肉吸收醬汁，持續翻炒（**b**）。這樣一來，肉鬆就完成了。

3 在另一個平底鍋加熱2大匙沙拉油，用小火慢慢拌炒B材料。產生香氣之後，加入步驟 **1** 的木綿豆腐和步驟 **2** 的肉鬆，晃動平底鍋，讓食材充分裹上醬汁。

4 加入C材料（**c**）持續烹煮，待水分減少一半後，加入辣油。稍微混合太白粉水，製作出略稠的芡汁（**d**）。反覆勾芡4～5次，待湯汁呈現濃稠感之後，裝盤，撒上花椒。

a

豆腐選用堅硬，不容易碎爛的木綿豆腐。太柔軟的種類會釋出水分，使醬汁的味道變淡。

b

絞肉吸入調味料，油變透明之後，肉鬆便完成了。可以多做點起來備用。

c

讓豆腐裹滿調味料後，再倒入高湯，味道比較容易吸收。

d

混合的時候，用湯勺的背部輕壓。在豆腐沒有碎爛的情況下勾芡。

美味加分！

小林老師的話

豆瓣醬的辣味和甜味是這道料理的味道根源。豆瓣醬加熱之後，味道會更加濃郁，異味也會消失。水分減少後，豆瓣醬就容易焦黑，所以「用小火慢炒」是基本原則。另外，炒絞肉的時候，如果只是讓顏色變白是不行的。肉變白之後，就會產生「甜味＋水分」的肉湯，持續翻炒之後，肉湯濃縮的鮮味會再次被肉吸收。請多花點時間仔細翻炒。

温和味道的櫛瓜讓味蕾稍作休息

煎櫛瓜佐芝麻芥末醬

仔細香煎的櫛瓜有著宛如白薯般的鬆軟口感，同時又帶有多汁且溫和的味道。蕃茄的酸味則有整合櫛瓜和酸味芥末醬的作用。

材料（2人份）

綠色櫛瓜	½根
黃色櫛瓜	½根
蕃茄※	½顆
沙拉油	3大匙

芝麻芥茉醬

醋、沙拉油	各1大匙
法式芥茉醬、醬油	各1小匙
砂糖	½小匙
白芝麻	1小匙

※用來炒的蕃茄建議選用火紅且堅硬的類型。

製作方法

1 把芝麻芥茉醬的材料充分混合備用。

2 把兩種櫛瓜切成5mm厚的薄片，蕃茄切成梳形切。

3 把沙拉油放進平底鍋加熱，將兩種櫛瓜排放在鍋裡，偶爾轉動平底鍋，一邊香煎。產生香氣且邊緣產生焦黃色之後，把櫛瓜逐一翻面，背面同樣也要煎出焦黃色（**a**）。

4 加入蕃茄拌炒，蕃茄自然軟爛，充分裹在櫛瓜上面後，關火。加入一半份量步驟 **1** 的芝麻芥茉醬，拌勻後，裝盤。再淋上剩下的醬汁。

a

櫛瓜要花比較長的時間才能完全熟透。要用較小的火，慢條斯理地香煎。

美味加分！	小林老師的話

副菜的櫛瓜也可以改用蓮藕或牛蒡等根莖類蔬菜，同樣也非常美味。另外，芝麻芥茉醬搭配任何食材都很美味，可以淋在蔬菜沙拉或水煮魚貝類上，也可以依照份量，加上1大匙的蠔油，當成水煮肉的沾醬。

運用薑的特性，享受湯的鮮味

白薑麻薑湯

運用整塊薑，產生溫和香氣的雞湯，有著鮮味深入心坎的簡單美味。利用料理來補充體內水分的中國食補法所孕生出的料理。

材料（2人份）

薑	1片（5mm厚）
白芝麻	適量
A ┌ 雞湯（→p.63）	3杯
│ 醬油	少許
│ 鹽	少許
└ 酒	1小匙

製作方法

1 把A材料和薑放進鍋裡，用中火烹煮，沸騰之後，關小火，持續烹煮5分鐘（**a**）。

2 把薑取出，裝進碗裡，撒上芝麻。

a

利用較厚的薑，烹煮出高雅的薑香。如果喜歡較強烈的味道，也可以熬煮久一點。

1人份
986kcal

韭菜韓國煎餅

韓式豆腐鍋

黑豆蒸飯

暖自心底的韓式火鍋菜單

主菜 ## 韓式豆腐鍋

副菜 ## 韭菜韓國煎餅

菜色變化 ➔ 分蔥煎蛋（→p.61）
菜色變化 ➔ 炒馬鈴薯絲（→p.151）
菜色變化 ➔ Choregi沙拉（→p.215）

主食 ## 黑豆蒸飯

主菜是配菜豐富且味道深厚的韓式豆腐鍋。熱騰騰的豆腐湯，讓人打從心底溫暖起來。寒冷季節當然不在話下，也很適合當成夏天補充體力的菜單。副菜中搭配香酥煎餅的配菜是韭菜。為主菜的濃厚味道加分，讓人百吃不膩。緩和豆腐鍋辛辣口感的是，有著鬆軟口感和自然甜味的蒸飯。在蒸飯的加持下，不僅能增添飽足感，也能溫暖身體。

前置作業時程表

預先準備	黑豆泡水
	花蛤吐沙
	↓
1小時半前	洗米，白米泡水
	↓
1小時前	開始製作蒸飯
	製作煎餅
	↓
30分鐘前	製作豆腐鍋

營養加分！

之所以說這份菜單不光適合冬天，同時也適合夏天，是因為蒜頭、辣椒、蔥可以溫暖冷氣房中冰涼的身體，花蛤和黑豆則可以冷卻囤積在體內的熱氣，可以讓內外達到均衡。夏日因室內外溫差而引起食慾不振時，也很適合這份菜單。

美味關鍵！

添加乾貨的健康蒸飯

豆類和羊栖菜，是適合和米飯一起蒸煮的美味食材。同時也含有許多有益身體的成分。為了誘出豆類的味道，只用少量的鹽巴調味。不使用高湯或調味料。因為味道並不濃厚，所以可以像燕麥飯、五穀飯或白飯那樣，搭配其他菜色。不管是日式或是西式，請試著和各種不同的菜色一起搭配。

食材的味道融為一體，化成濃厚的美味

韓式豆腐鍋

花蛤和豬肉的味道相當契合，融為一體之後，濃郁就會倍增。
只要再加上泡菜的味道，就能製作出唯有豆腐鍋才有的複雜、
濃郁味道。沉穩味道的湯汁和清淡的豆腐相輔相成，成為讓人
一口接一口的美食。

1 人份
567kcal

材料（2人份）

花蛤	200 g
豬五花肉片	150 g
嫩豆腐	1塊
生香菇	2朵
洋蔥	¼顆
白菜泡菜	100 g
細蔥（蔥花）	1～2根
芝麻油	少許
辣椒粉（照片a）※1	1大匙

A	苦椒醬※2、味噌※3	各1大匙
	醬油	½大匙
	蒜頭（蒜泥）	1瓣

酒	½杯
水	3杯

※1 辣椒粉使用韓國產的粗粒類型。不光有辣味，同時還帶點甜味，香味也很棒。
※2 苦椒醬是由辣椒粉和麴等混合發酵製成的醬料。辣中帶有甜味和濃郁。
※3 使用信州味噌等個人喜好的種類。

製作方法

1 花蛤浸泡在海水程度的鹽水（約3％，份量外）裡吐沙，並且將外殼充分搓洗乾淨。豬肉切成容易食用的大小。

2 生香菇切掉根蒂，切成5mm厚的薄片。洋蔥也切成5mm厚的薄片。泡菜如果是切細的類型，就維持原樣，如果是較大片的種類，則要切成一口大小。A材料混合備用。

3 鍋子用芝麻油加熱，放進豬肉、泡菜拌炒。豬肉變色之後，加入水、A材料，煮沸後，放進香菇、洋蔥，烹煮10分鐘左右。

4 放進花蛤（**b**），豆腐用湯勺捧取放入鍋裡（**c**），持續烹煮至花蛤開口為止。起鍋後，放上細蔥蔥花，撒上辣椒粉。

a

如果可以，就採用韓國產辣椒粉。也可以用日本的一味唐辛子取代，但是，一味唐辛子的辣味比較重，所以要減少份量。

b

花蛤不希望煮得過熱，所以要等其他材料煮熟後，再放進花蛤。

c

豆腐只要用湯勺捧放入鍋，剖面就會比用菜刀切更粗，就會更容易入味。

美味加分！

高老師的話

豆腐鍋是韓國的鍋料理之一。正統的韓式鍋是直接把煮沸的鍋端上桌。請品嚐韓式鍋的熱騰騰的美味。這道料理的重點在於泡菜和豬肉的拌炒。糖分和蛋白質一起加熱後，鮮味就會倍增，所以不使用高湯，只用清水仍可以產生濃郁。另外，韓國還有類似於納豆的食材，所以在配菜中加上納豆也會相當美味喔！

外表酥脆，內餡軟嫩

韭菜韓國煎餅

1 人份
205kcal

慢火煎煮出韭菜和小麥粉美味的薄煎煎餅。雖然使用了大量的芝麻油，但只要沾上加了酢橘的沾醬，就能有清爽的口感。

材料（較容易製作的份量）

韭菜 ……………………………… 1把
芝麻油 …………………………… 適量
麵皮
　小麥粉 ……………………… 60 g
　上新粉 ……………………… 40 g
　雞蛋 …………………………… 1顆
　水 ……………………………… ½ 杯
　鹽 ……………………………… 少許
　砂糖 ………………………… ½ 小匙
　醬油 ………………………… 2小匙
沾醬
　醬油 ………………………… 1大匙
　酢橘汁、醋 ……………… 各 ½ 大匙
　白芝麻 ……………………… ½ 小匙
　酢橘（切片）…………………… 2片

製作方法

1 韭菜切成5 cm長。

2 把麵皮的材料放進碗裡混合，加入步驟 **1** 的韭菜混合（**a**）。

3 平底鍋加熱，塗上1大匙芝麻油，倒入步驟 **2** 的食材，把麵皮攤平在鍋底。用偏小的中火煎4～5分鐘，直到呈現焦黃（**b**）。

4 蓋上比平底鍋小的鍋蓋或盤子，翻面後，取出煎餅。再讓翻面的煎餅滑入鍋裡，從鍋緣淋入2大匙的芝麻油，一邊用鍋鏟按壓，一邊用中火煎3～4分鐘（**c**）。煎好之後，把煎餅放到濾網上放涼。

5 把煎餅切成容易食用的大小後，裝盤。連同沾醬材料一起上桌。

a 充分拌勻，讓大量的韭菜沾滿麵皮。

b 底部呈現焦黃，上面變乾之後，就是翻面的好時機。

c 稍微按壓後，就可以讓火侯更加平均，煎出完美的焦黃色。

享受芳香和美麗色彩

黑豆蒸飯

1 人份
214kcal

黑豆的咬勁，加上羊栖菜的口感，創造出百吃不膩的美味。還有許多食物纖維和鐵質等，有益身體的成分。

材料（較容易製作的份量）

黑豆 ……………………………… 50 g
羊栖菜芽（乾燥）………………… 5 g
米 ………………………………… 2米杯
鹽 ………………………………… 少許

製作方法

1 黑豆（**a**）快速洗過，在大量的水裡浸泡5～6個小時（**b**），泡軟後，把湯汁和黑豆分開。羊栖菜芽清洗後，瀝乾水分。

2 洗米，把米放進飯鍋裡，倒入2米杯步驟 **1** 的黑豆汁。加入黑豆、羊栖菜芽，混入2大匙的水和鹽巴後，開始蒸煮。

3 煮好之後，快速攪拌。

a 黑豆只要使用年節料理等所使用的日本產黑豆即可。

b 黑豆上的皺褶消失，膨脹之後，就是黑豆泡軟的最佳證明。蒸煮的時候要使用紫色的黑豆湯汁。

1 人份
713kcal

茶飯

胡蘿蔔拌芝麻

關東煮

絕佳湯頭的關東煮菜單

主菜 # 關東煮

副菜 # 胡蘿蔔拌芝麻

菜色變化 ➡ 牛蒡胡蘿蔔絲（→p.77）
菜色變化 ➡ 鱈子沙拉（→p.175）
菜色變化 ➡ 菠菜拌芝麻（→p.189）

主食 # 茶飯

主菜的關東煮也可以代替湯，所以就用稍微變化的飯和拌芝麻，設計出兩菜一湯的菜單。加上洋蔥和干貝的絕品關東煮，為清淡的煎豆腐和水煮蛋增添濃厚鮮味。關東煮的做法並不難，但是必須花費燉煮的時間。只要利用前一天或早上的時候，預先做好烹煮蘿蔔高湯等事前作業就沒問題了。副菜的拌芝麻，有著純芝麻醬的濃郁味道，為關東煮的味道加分。茶飯最適合搭配東京風的關東煮，充滿著水嫩的口感。

前置作業時程表

預先準備	製作關東煮湯
	烹煮蘿蔔
	製作水煮蛋
	蒟蒻絲氽燙
	↓
2小時前	魚板以外的關東煮配菜烹煮30分鐘後，放涼
	↓
1小時半前	洗米，白米泡水
	↓
1小時前	開始製作茶飯
	↓
30分鐘前	魚板去油，放進關東煮湯裡烹煮
	胡蘿蔔烹煮後，放涼
	↓
上桌前	製作芝麻拌料，和胡蘿蔔拌勻

營養加分！

綠黃色蔬菜的胡蘿蔔含有豐富的β胡蘿蔔素，能依體內的需求，產生維他命A的作用，同時維持皮膚或黏膜的健康。融入油脂後，吸收率就會變得更好，所以只要像拌芝麻那樣，和芝麻的油脂一起品嚐，就可以更有效吸收。

美味關鍵！

關東煮的關鍵就在『高湯』

關東煮是主菜，也是湯，所以高湯是美味的絕對條件。在這份菜單中，將為大家介紹充滿甜味和鮮味的絕品高湯。秘密就是配菜當中的干貝和洋蔥。只要在柴魚和昆布高湯中加入干貝，就可以把3種不同的鮮味融合在一起，製作出更濃郁的味道。再加上洋蔥的甘甜鮮味，就可以讓關東煮成為自家的自豪料理。另外，魚板類的食材如果烹煮太久，就會失去美味，所以請多加注意。

關東煮

干貝和洋蔥的添加，就是為高湯增添濃郁鮮味和甘甜的訣竅。再加上配菜本身的味道，就能創造出唯有關東煮才有的複雜且別具層次的美味。不光是芥末，只要再把蔥和朧昆布添加在配料內，就可以改變味道，百吃不膩。

1 人份
357kcal

材料（3～4人份）

煎豆腐	1塊
水煮蛋	2顆
蘿蔔	8 cm
竹輪麩	1條
竹輪	1條
蒟蒻絲	2個
個人喜愛的魚板※	6～8個
高湯	4杯
A ┌ 酒	¼杯
│ 味酥	¼杯
│ 淡口醬油	2小匙
└ 鹽	2小匙
洋蔥	¼顆
干貝	1個
配料	
芥末醬	適量
朧昆布	適量
萬能蔥（蔥花）	適量

※魚板類可使用炸魚肉、炸丸等個人喜歡的種類。

製作方法

1 蘿蔔切成4等分，放進鍋裡，加入淹過蘿蔔的水量，開中火烹煮，直到蘿蔔軟爛為止。

2 干貝揉開，洋蔥切成2～3塊，<u>一起放進高湯包裡</u>。

3 把高湯放進鍋裡煮沸，加入A材料、步驟**2**的高湯包，用較小的中火烹煮30分鐘。

4 煎豆腐切成4塊。竹輪麩、竹輪斜切成塊。蒟蒻絲用熱水汆燙，瀝乾水分備用。<u>魚板類的食材放進濾網裡，淋入大量的熱水</u>（**a**），瀝乾水分。

5 把步驟**1**的蘿蔔、水煮蛋，和步驟**4**中魚板類食材以外的食材放進步驟**3**的鍋裡，用小火烹煮30分鐘，入味後，把火關掉，放涼。再次開小火，<u>放入魚板類食材</u>，烹煮20～30分鐘。附上配料。

a

魚板類食材去油後，就會變得比較容易入味。如果沒有去油，美味的高湯就會變得混濁。另外，如果烹煮時間過久，美味就會流失，所以要多加注意。

美味加分！

松本老師的話

高湯所使用的干貝和洋蔥，就算不取出，直接和關東煮的配菜一起烹煮到最後也沒有問題。關東煮吃完之後，請把高湯包裡的食材取出品嚐。揉散的干貝和煮爛的洋蔥相當美味喔！

使用3種芝麻的濃厚香味

胡蘿蔔拌芝麻

1 人份
170kcal

純芝麻醬和芝麻粒製成的拌料。3種芝麻的味道融為一體後，化成充滿層次的美味。除了胡蘿蔔之外，也可以用青菜、四季豆、青花菜來拌芝麻。

材料（2～3人份）

胡蘿蔔	1根
白芝麻	適量
拌料	
純芝麻醬	2大匙
芝麻粒	2大匙
高湯	1大匙
醬油	2小匙
砂糖	1小匙

製作方法

1 胡蘿蔔切成5cm長的細絲，汆燙至保留咬勁的程度，攤在濾網中，一邊放涼一邊瀝乾水分。

2 在碗裡充分混合拌料的材料，放進步驟 **1** 的胡蘿蔔，輕輕攪拌。

3 裝盤，撒上芝麻。

> **美味加分！** 松本老師的話
>
> 如果是4～5月份採收的鮮嫩胡蘿蔔，建議採用生吃的方法。胡蘿蔔切成細絲後，混入 ¼ 小匙的鹽，讓胡蘿蔔變軟。把水分充分擠掉後，用相同的拌料拌勻。口感和烹煮的胡蘿蔔不同，可以品嚐到新鮮的甜味和咬勁。如果胡蘿蔔有帶葉的話，就把胡蘿蔔葉切碎，混入拌勻吧！

搭配關東風關東煮最對味

茶飯

1 人份
186kcal

醬油香氣和鹽味，有著令人百吃不膩的美味。建議淋上關東煮的湯汁，享受茶泡飯一般的美味。如果還有剩餘，也可以用來製作成飯糰。也可以分成小份，冷凍保存。

材料（較容易製作的份量）

米		2米杯
高湯		1又¾杯
A	酒	2大匙
	醬油	1大匙
	鹽	½小匙

製作方法

1 米洗好之後，放進碗裡，加入淹過白米的水，浸泡30分鐘。

2 用濾網撈出步驟 **1** 的白米，確實瀝乾水分後，放進飯鍋，加入高湯和A材料一起烹煮。

1人份
739kcal

西式茶碗蒸

香煎豆腐

白飯

年糕湯

濱內千波老師傳授

和洋參半的健康菜單

| 主菜 | ## 香煎豆腐 |

| 副菜 | ## 西式茶碗蒸 |

菜色變化 ➔ 南瓜沙拉（→p.137）
菜色變化 ➔ 普羅旺斯雜燴（→p.181）
菜色變化 ➔ 醃泡茄子（→p.209）

| 湯 | ## 年糕湯 |

菜色變化 ➔ 豆漿濃湯（→p.53）
菜色變化 ➔ 高麗菜濃湯（→p.203）
菜色變化 ➔ 青花菜馬鈴薯濃湯（→p.218）

| 主食 | ## 白飯 |

雖然豆腐並不是口感強烈的食材，但是，只要用奶油香煎，再淋上培根製成的醬料，就能呈現出符合主菜的濃郁和飽足感。日本蕪菁也是增添口感的關鍵。因為主菜比較簡單，所以副菜就採用稍微花點巧思，有著華麗美味的茶碗蒸吧！代替高湯的牛奶，以及上面的香草醬料，就跟主菜一樣，同樣採取和洋參半的搭配。湯也同樣是和洋參半。年糕和牛奶的搭配，無油且滑膩。加上柴魚後，就是適合下飯的味道。

前置作業時程表

1小時半前	洗米，白米泡水
	↓
1小時前	煮飯
	豆腐把水瀝乾
	製作香煎豆腐
	準備茶碗蒸的配菜
	↓
20分鐘前	把茶碗蒸的材料放進碗裡，開火烹煮
	↓
10分鐘前	關掉茶碗蒸的火
	煮湯
	開始煎豆腐

▌營養加分！

豆腐可以讓不容易消化的大豆更容易吸收，去除豆腐渣的豆漿凝固後，更容易消化吸收。是蛋白質相當豐富的食材。以1人份的菜單來說，½塊的木綿豆腐就十分有飽足感了，不過熱量只有115kcal。熱量比相同份量的肉類更低，所以瘦身的時候也可以安心品嚐。

美味關鍵！

用平底鍋製作不會失敗的茶碗蒸

滑嫩的茶碗蒸是相當受歡迎的料理，但是，一想到要搬出蒸煮器，就讓人覺得麻煩至極。這裡推薦平底鍋的蒸煮方法。把裝了食材的碗放進平底鍋裡，倒進水烹煮，水沸騰之後，改用小火加熱5分鐘後，就可以關火。之後只要利用餘熱加熱就行了，既簡單又不用擔心失敗。這道料理不是使用高湯，而是牛奶，所以製作相當簡單。

香煎豆腐

剛煎好的熱騰騰豆腐，淋上鹹甜味的醬料。醬料的培根和洋蔥、煎豆腐用的奶油和橄欖油，製作出口感絕佳的菜色。清脆的日本蕪菁則進一步增添了口感變化，讓人吃到最後一口，都不會感到厭煩。

材料（2人份）

木綿豆腐	1塊
培根	½ 片
洋蔥	¼ 顆
鹽	少許
胡椒	少許
小麥粉	1大匙
奶油	1小匙
橄欖油	1大匙
水	3大匙
A ┌ 砂糖	½ 大匙
├ 味醂	2大匙
└ 醬油	2小匙
日本蕪菁	適量

製作方法

1 豆腐用紙巾包裹，放置30分鐘，把水分瀝乾（ **a** ）。

2 培根、洋蔥切末，放進沒有放油的氟素樹脂加工平底鍋，開中火拌炒。食材變軟後，加入水、A材料（ **b** ）煮沸。

3 把步驟 **1** 的豆腐切成4等分，撒上鹽、胡椒後，塗滿小麥粉。用另一個平底鍋加熱，塗上奶油和橄欖油，把豆腐擺放在鍋裡，慢慢煎煮，不要挪動（ **c** ）。背面同樣也要煎成焦黃色。

4 日本蕪菁切成段，裝盤，鋪上步驟 **3** 的豆腐，把步驟 **2** 的醬料加熱淋上。

豆腐要選用質地細緻的種類。只要用紙巾包裹，再放回包裝盒，就可以在不弄髒流理台、不使豆腐變形的情況下，把水瀝乾。

培根和洋蔥確實翻炒後，就能誘出食材的鮮味，所以醬料的湯汁用清水就十分足夠了。

豆腐放進平底鍋後，在豆腐呈現出焦黃色之前，不要挪動豆腐。翻面的時候，要用手稍微扶著，避免豆腐破掉。

平底鍋蒸出滑嫩口感

西式茶碗蒸

明明沒有使用高湯，也沒有使用清湯，卻能夠品嚐到令人驚嘆的濃郁鮮味，關鍵就在於牛奶和雞蛋、鴻禧菇和鮮蝦的味道融為一體。充滿清爽香氣的羅勒青醬，為整體的味道加分。

1 人份
112kcal

材料（2人份）

鴻禧菇[※1]	½袋
洋蔥（切末）	1大匙
去殼蝦	2尾
雞蛋	1顆
牛奶	¾杯
鹽	少許
胡椒	少許
青醬（市售品）[※2]	適量

※1 有的話，可以使用一半鴻禧菇、一半雪白菇。
※2 青醬是把羅勒、蒜頭、松果、橄欖油製成膏狀的意式傳統醬料。兼具清爽和濃郁口感。

製作方法

1 鴻禧菇去除根蒂後，揉散。鮮蝦去掉沙腸，清洗後充分瀝乾水分。

2 把鴻禧菇和洋蔥放進樹脂加工的平底鍋裡，蓋上鍋蓋悶炒。偶爾翻攪一下，食材變軟後，起鍋，放涼（**a**）。

3 在碗裡打出蛋液，加入牛奶充分混合，並加入鹽、胡椒混合。

4 分別把步驟 **2** 的食材放進容器裡，慢慢倒入步驟 **3** 的蛋液，再放入鮮蝦。

5 把紙巾平鋪在平底鍋，放上步驟 **4** 的容器，把水倒入至容器一半的深度，鋪上紙巾，蓋上鍋蓋（**b**），開中火。煮沸後，改用小火烹煮 5 分鐘後，關火，一邊觀察狀況，一邊用餘熱加熱 5～6 分鐘。

6 取出後，放上青醬。

a 收乾食材的水分，讓鮮味濃縮。食材產生香氣，同時產生焦黃色後，就可以起鍋了。

b 把紙巾鋪在鍋蓋內側，就可以阻擋滴落的水滴，防止茶碗蒸的水分過多。

清淡口感深具魅力

年糕湯

以年糕作為基底，稍微做點變化的菜色。鋪上柴魚片的和風味道。只要依個人喜好，改用香料或香草，就可以轉變成洋式。沒有食慾時，也很適合這道料理。

1 人份
168kcal

材料（2人份）

年糕塊	1塊
牛奶	1又½杯
柴魚片	2g
鹽	¼小匙
胡椒	適量
黑胡椒	少許

製作方法

1 年糕沾水後，放進耐熱碗裡，用微波爐（600W）加熱 1～2 分鐘，使年糕變軟，取出後，馬上用打泡器攪拌，年糕變得滑潤後（**a**），移到小鍋裡。

2 慢慢把牛奶倒入步驟 **1** 的碗裡，一邊用打泡器充分攪拌，煮沸後，用鹽、胡椒調味。

3 起鍋後，放上柴魚片，再撒上黑胡椒。

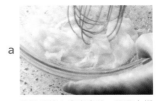

a 從微波爐中拿出來後，要馬上攪拌。一旦冷卻，年糕就會凝固。

1 人份
611 kcal

肉醬油豆腐

豬肉萵苣湯

薑飯

前置作業時程表

事前準備	製作高湯
↓	
1小時半前	洗米，白米泡水 準備薑飯的配菜
↓	
1小時前	製作肉醬芡汁的基底 煮薑飯
↓	
15分鐘前	製作豬肉萵苣湯
↓	
10分鐘前	開始製作肉醬油豆腐 製作肉醬芡汁
↓	
上桌前	把萵苣放進湯裡

> **營養加分！**
>
> 薑可以溫熱腸胃，促進胃液和唾液的分泌，增進食慾、促進消化。這些都是源自於薑的香氣和辛辣成分。在藥膳當中，如果和增加體力的米飯搭配組合，就能夠幫助恢復體力。

松本忠子老師傳授

狀態不適時，促進食慾的菜單

主菜	**肉醬油豆腐**
湯	**豬肉萵苣湯**

菜色變化 ➡ 蕃茄金針菇蛋花湯（→p.104）
菜色變化 ➡ 培根湯（→p.175）　菜色變化 ➡ 澤湯（→p.179）

主食	**薑飯**

炎熱季節或疲勞的時候，建議試試這份香氣和口感都能夠挑起食慾的菜單。中華風味的肉醬油豆腐、飄散著薑香的薑飯、可享受清脆口感的湯。可品嚐到豬肉鮮味的主菜和湯，讓薑飯的味道更加扎實。油豆腐確實香煎後，就能更添香氣與美味。在沒時間準備的忙碌時刻，這份菜單是個不錯的選擇。

煎得酥脆的豆腐香氣十足

肉醬油豆腐

1 人份
310kcal

以辛香料和蠔油確實入味的肉醬，利用日式高湯和味醂，製成更滑潤順口的芡汁。因為這份菜單沒有副菜，所以要藉由生黃瓜的清涼口感來加以調和，為熱騰騰的油豆腐增色。

材料（2人份）

油豆腐		1塊
小黃瓜		1條
豬絞肉		100 g
A	洋蔥（切末）	¼顆
	蒜頭（切末）	½小匙
	薑（切末）	10 g
B	醬油	1大匙
	蠔油	1小匙
	砂糖	多於½小匙
	鹽、胡椒	各少許
C	高湯	½杯
	味醂	1大匙
芝麻油		2小匙
太白粉水		適量

製作方法

1 平底鍋加熱後，塗上芝麻油，把A材料放進拌炒。食材產生香氣後，加入絞肉，持續翻炒到絞肉變得鬆散，加入B材料，使食材裹上所有醬汁，關火。

2 小黃瓜用刨刀薄削。

3 油豆腐切成4等分。把另一個平底鍋加熱，不要放油，直接擺入油豆腐，仔細煎煮（**a**）。

4 把C材料放進步驟 **1** 的平底鍋裡加熱，慢慢加入太白粉水，煮沸勾芡。

5 把步驟 **3** 的油豆腐裝盤，淋上步驟 **4** 的芡汁，放上步驟 **2** 的小黃瓜。

油豆腐要多花點時間，才能確實加熱中央部分。煎煮的時候，要一邊注意火候。

最後的胡椒鎖住所有味道

豬肉萵苣湯

1 人份
95kcal

增添豬肉鮮味的湯汁，配上清脆的萵苣口感和香氣。如果上桌太久，就沒有辦法品嚐到這樣的美味。所以準備上桌時再製作吧！

材料（2人份）

萵苣		2～3片
豬五花肉片		30 g
酒		少許
高湯		2杯
A	酒	2大匙
	醬油	2小匙
	鹽	¼小匙
胡椒		適量

製作方法

1 萵苣撕成一口大小。豬肉切成3～4塊，淋上酒備用。

2 把高湯放進鍋裡，煮沸後，加入A材料。加入豬肉，用菜筷把豬肉撥散開，煮熟。撈除浮渣。

3 在準備上桌前，加入萵苣，關火，撒上胡椒。

醇厚的日式豆皮

薑飯

1 人份
206kcal

使用了大量的薑，炊煮後，醇厚的味道滲入米飯。讓人幾乎察覺不到的細碎日式豆皮，是用來提味的關鍵。為米飯增添濃郁和鮮味。

材料（較容易製作的份量）

米		2米杯
日式豆皮		1片
薑		30 g
高湯		1又¾杯
A	酒	2大匙
	醬油	2小匙
	鹽	1小匙

製作方法

1 白米洗好後，放進碗裡，加入淹過白米的水量，讓白米浸泡30分鐘。

2 日式豆皮用熱水汆燙後，用濾網撈起，放涼後，用紙巾夾住，擠出水分，把日式豆皮切成極細的碎末。薑切成3mm寬、2.5cm長的細絲，並放進濾網裡，浸一下水後，充分把水分瀝乾（**a**）。

3 用濾網撈起步驟 **1** 的白米，確實瀝乾水分後，放進飯鍋裡，混入高湯和A材料，鋪上步驟 **2** 的食材炊煮。

日式豆皮切成幾乎和白米相同程度的碎末，薑則切成保留存在感的細絲程度。

美味加分！ 松本老師的話

油豆腐只要重新炸過，就可以美味上桌。炸過的油豆腐可以增添香氣和飽足感，也可以增加咬勁。如果有時間的話，也建議自行在家製作。切好的木綿豆腐，充分瀝乾水分，用中溫的油直接油炸即可。可以品嚐到豆腐的醇厚口感。

1 人份
712kcal

培根湯

鱈子沙拉

什錦豆腐

前置作業時程表	
事前準備	製作高湯
	把乾香菇泡軟
	↓
1小時半前	洗米，白米泡水
	瀝乾豆腐的水分
	↓
1小時前	開始煮飯
	↓
30分鐘前	準備3道料理的配菜
	↓
20分鐘前	製作什錦豆腐
	煮湯
	↓
上桌前	完成沙拉

營養加分！

調整體質的維他命和礦物質，可以把食物轉換成熱量，常保血液和皮膚、黏膜的健康。除了蔬菜之外，鱈子、雞蛋、培根等都是富含蛋白質的食物。

松本忠子老師傳授

豆腐和大量蔬菜的健康菜單

主菜	**什錦豆腐**
副菜	**鱈子沙拉**

菜色變化 ➡ 高麗菜鹽昆布沙拉（→p.29）
菜色變化 ➡ 醃漬沙拉（→p.81）　菜色變化 ➡ 薯蕷豬肉卷（→p.193）

湯	**培根湯**

菜色變化 ➡ 沙丁魚丸湯（→p.123）　菜色變化 ➡ 豬肉萵苣湯（→p.173）
菜色變化 ➡ 澤湯（→p.179）

主食	**白飯**

3道料理都使用了大量蔬菜，適合調理身體狀態的菜單。把多種配菜一起拌炒的什錦豆腐，不僅華麗，同時也有著令人懷念的放鬆味道。為這個滋味增添層次感的是副菜的沙拉。利用鱈子的鹽味和鮮味，為整份菜單加上重點。湯則利用培根增添濃郁，使整份菜單不會有半點不足感。

什錦豆腐

1 人份
217kcal

仔細翻炒充分瀝乾水分，變得更容易入味的豆腐，誘出豆腐的甜味和鮮味，並且讓味道包覆整個食材。製作出宛如家庭料理般，令人放鬆的味道。為了有效利用食材的色調，醬油建議採用淡口醬油。

材料（3～4人份）

木綿豆腐	1塊
雞腿肉	100 g
乾香菇	2朵
胡蘿蔔	40 g
綠蘆筍	2～3根
雞蛋	2顆
芝麻油	2大匙
A ┌ 高湯	¼杯
│ 酒	1大匙
│ 味醂	1大匙
│ 淡口醬油	2小匙
└ 鹽	½小匙

製作方法

1 用紙巾包覆豆腐，暫時放置一段時間，把水分瀝乾。

2 乾香菇洗過後泡水，放置數小時，讓香菇變軟。如果沒有時間，只要浸泡在加了一小撮砂糖的熱水裡，就可以更快速變軟。去掉根蒂，切成7～8mm的丁塊狀。雞肉、胡蘿蔔也切成7～8mm的丁塊狀。

3 綠蘆筍用刨刀薄削掉根部的皮，汆燙後放涼，並切成7～8mm寬。

4 芝麻油放進鍋裡加熱，放入步驟 **2** 的食材拌炒，所有食材都裹上油之後，一邊用手捏碎豆腐，一邊把豆腐加入，充分拌炒均勻。加入A材料，用鍋鏟一邊混合，一邊翻炒。

5 湯汁幾乎收乾後，加入蛋液拌炒。雞蛋熟透後，加入步驟 **3** 的綠蘆筍，快速拌炒。

美味加分！　松本老師的話

青綠色的綠蘆筍換成四季豆、扁豆、豌豆、毛豆等綠色的豆類蔬菜，也相當好吃。為了運用食材的色澤和咬勁、香氣，分別在汆燙之後，在準備起鍋之前再加入吧！蔥的風味也很適合這道料理，所以秋冬季節時，也可以加入萬能蔥和長蔥的蔥花。

鱈子沙拉

1 人份
187kcal

粉紅色和綠色的對比，營造出視覺美味的一道料理。味道的關鍵就是洋蔥末。清脆的口感為黏糊的鱈子增添清爽，同時讓生菜和鱈子變得更加速配。

材料（2人份）

鱈子	½塊（80 g）
萵苣	5片
青紫蘇	10片
洋蔥（切末）	2大匙
A ┌ 沙拉油	2大匙
│ 檸檬汁	2大匙
│ 醬油	1小匙
└ 鹽、胡椒	各少許

製作方法

1 萵苣切成2～3 cm方形，青紫蘇切成1 cm寬。一起放進冷水，確實瀝乾水分。

2 洋蔥泡水後，擠掉水分。

3 鱈子去除薄皮，放進碗裡，混入步驟 **2** 的洋蔥（ **a** ）。

4 把步驟 **1** 的萵苣裝盤，放上步驟 **3** 的食材，並充分混合A材料。

a

洋蔥如果有水分殘留，鱈子就會變得水水的，使味道變淡，所以要確實擠乾水分。

培根湯

1 人份
140kcal

培根和根莖類蔬菜相當速配，可藉由油脂的濃郁，讓人食指大動。搭配各種鮮豔的蔬菜，製作出更有層次感的味道吧！這是可以享受各種口感，又可當成菜餚的一道湯品。

材料（2人份）

培根	30 g
牛蒡	25 g
蓮藕	25 g
馬鈴薯	½顆
胡蘿蔔	¼根
綠蘆筍	1～2根
洋蔥	¼顆
高湯	2又½杯
A ┌ 酒	2大匙
│ 醬油	1又½大匙
└ 鹽	少於⅓小匙

製作方法

1 培根切成3 cm寬。牛蒡把皮刮掉，切成滾刀塊，蓮藕也切成相同大小，各自泡過水後，瀝乾水分。

2 馬鈴薯、胡蘿蔔切成一口大小的滾刀塊。綠蘆筍用刨刀薄削掉根部的皮，並且斜切成段。洋蔥切成3mm厚。

3 把高湯放進鍋裡，煮沸後，加入A材料、培根、牛蒡、蓮藕，烹煮一段時間。

4 加入步驟 **2** 中綠蘆筍以外的食材，把蔬菜煮至軟爛。去除浮渣，加入綠蘆筍，煮沸後就可以起鍋。

白飯

豆渣

澤湯

厚煎雞蛋

自古就大受歡迎的菜單

主菜 # 厚煎雞蛋

副菜 # 豆渣

菜色變化➔ 煎煮日本油菜和日式豆皮（→p.115）
菜色變化➔ 麻油拌豆芽白菜（→p.143）
菜色變化➔ 炒雞肉 （→p.199）

湯 # 澤湯

菜色變化➔ 雞燴湯（→p.51）
菜色變化➔ 豬肉薹苣湯（→p.173）
菜色變化➔ 培根湯（→p.175）

主食 # 白飯

又甜又香的厚煎雞蛋，搭配配菜豐富的豆渣。兩道料理都是相當懷舊的味道，至今仍舊是十分受歡迎的家常菜。煎蛋是味道和煎烤色澤都十分具存在感的主菜。豆渣中混合了蔬菜和雞肉的醇厚味道，以及透過淡口醬油有效發揮出的鹽味。主菜、副菜都沒有湯汁，所以湯就採用有著細切蔬菜口感的澤湯。就算只有豆渣和雞蛋，仍可藉由豬五花肉所產生的濃郁口感來增添滿足感。

前置作業時程表

預先準備	製作高湯
	製作高湯蜜汁
	泡軟乾香菇
	↓
1小時半前	洗米，白米泡水
	↓
1小時前	開始煮飯
	豆渣的事前準備
	↓
40分鐘前	製作厚煎雞蛋
30分鐘前	製作豆渣
	↓
20分鐘前	煮湯

營養加分！

豆渣是榨豆漿之後所殘餘的食材。豆渣含有豐富的食物纖維、鈣質、鐵質，同時也含有維持血管健康的不飽和脂肪酸。尤其是手工豆腐店都不會把大豆完全榨乾，所以都會殘留很多大豆成分。

美味關鍵！

松本老師的便利調味料

煎蛋的香甜來自於調味料和高湯熬煮的『高湯蜜汁』。甜味、高湯和酒的甜味、鹽味都十分足夠，是適合各種料理的珍貴醬料。淋在烹煮過的紅菜豆上面，讓醬料充分入味，馬上就能蛻變成甜煮紅菜豆。馬鈴薯和番薯烹煮後，混入高湯蜜汁和醬油，就可做出甜薯泥。也可以拿來當成雞絞肉的沾醬。可以在冰箱保存約3個月，只要製作起來備用，就會相當便利。

厚煎雞蛋

1 人份
218kcal

調味的關鍵就在於，熬煮調味料和高湯，使甜味和鮮味融為一體的『高湯蜜汁』。味道和直接加入砂糖或味醂不同，可以製作出更有層次的味道。可是，因為容易焦黑，所以煎煮時要上下挪動鍋子，調整出適當的火侯。就算冷卻之後也很美味，所以可以多做一些，當成隔天的早餐或是便當的配菜。

材料（較容易製作的份量）

雞蛋	6顆
高湯蜜汁	
濃縮高湯	2又½杯
砂糖	400 g
酒	½杯
味醂	½杯
鹽	1又½大匙
醬油	1小匙
太白芝麻油※2	適量

※1 高湯蜜汁是容易製作的份量。
※2 太白芝麻油是，直接以未經烘焙的芝麻所榨取而成的芝麻油。使用一般芝麻油時，就以5：5的比例混合。

製作方法

1 製作高湯蜜汁。把醬油以外的材料放進鍋裡，煮沸後，加入醬油，用維持沸騰狀態的火侯烹煮。一邊去除浮渣，持續熬煮45分鐘以上，湯汁減少3成，變得濃稠之後，把鍋子從爐上移開，放涼之後，裝入保存瓶。

2 把雞蛋打入碗裡，加入⅓杯的高湯蜜汁，利用宛如把蛋白劃開般的方式，<u>輕輕混合（ a ）</u>。

3 把煎蛋鍋充分加熱，讓油遍佈整個鍋底，倒入步驟 **2** 的蛋液（⅓量），<u>一邊用菜筷搓破氣泡</u>，雞蛋大約八分熟之後，從另一邊把雞蛋翻成對半（ **b** ）。

4 從沒有煎蛋的地方，把油倒進鍋裡，讓油和雞蛋融合，並使雞蛋靠攏。外側也要加入油，使雞蛋和油相融合，並且把剩餘蛋液的一半份量倒進鍋裡，同時也要讓蛋液流進煎蛋下方（ **c** ）。表面呈現半熟之後，同樣翻成對半，之後，再重複步驟 **3** 的步驟。

5 最後，在沒有煎蛋的地方混入油，把煎蛋靠攏在一起，<u>確實煎出煎蛋的角</u>，一邊調整出煎蛋的形狀。把鍋子放在濕布上面（ **d** ），煎蛋冷卻後，把煎蛋倒蓋在濕潤的木質砧板上。

6 試著觸摸看看，如果煎蛋變涼，就可以切成容易食用的大小，裝盤。

美味加分！

松本老師的話

把鍋裡的蛋液氣泡搓破，就是煎出漂亮煎蛋的訣竅。如果不理會那些氣泡，煎蛋不是會產生空洞，就是會扁塌、變硬，就會破壞口感。請用打地鼠的要領，快速地搓破氣泡。

a 蛋黃和蛋白不要混和得太均勻。如果混合太均勻，就會破壞雞蛋的黏度，就無法煎出具有蓬鬆感的煎蛋。

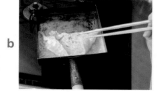

b 翻折時，只要把菜筷放進煎蛋下方，用左手握著鍋柄稍微晃動，就可以輕鬆翻折。

c 加入蛋液後，也要讓蛋液流入煎蛋下方。煎的時候，要利用鍋子上下移動的方式調整火侯，並且注意避免燒焦。

d 煎好之後，為避免餘溫加熱的情況，要把鍋子放在濕布上，讓鍋底快速冷卻。

豆渣

仔細乾煎豆渣，讓水分完全揮發，使食材的美味融合。只要把眾多食材集中在一起，不惜花費時間和勞力，就可以製作出深奧的鮮味。

1 人份
306kcal

材料（較容易製作的份量）

豆渣	300 g
乾香菇	3朵
雞腿肉	1小片（200 g）
日式豆皮	1片
胡蘿蔔	50 g
牛蒡	50 g
蒟蒻	½片
長蔥	1根
竹輪（細）	3根
沙拉油	5大匙
A 高湯	1杯
酒	3大匙
味醂	3大匙
砂糖	1大匙
淡口醬油	1小匙
鹽	½小匙
萬能蔥（蔥花）	適量

a

豆渣確實翻炒待水分收乾之後，就會變成鬆軟的豆酥。豆渣可讓高湯和配料的美味更加分。

製作方法

1 把3大匙沙拉油放進較厚的鍋子裡加熱，放進豆渣，持續把豆渣翻炒至鬆散程度，倒入調理盤備用（ a ）。

2 乾香菇清洗後，泡水數小時，將香菇泡軟。沒有時間的時候，只要用加了一撮砂糖的熱水浸泡，就可以更快泡軟。去掉根蒂後，切成7～8 mm丁塊狀。

3 雞肉、日式豆皮、胡蘿蔔切成7～8 mm丁塊狀。牛蒡刮去外皮，切成相同大小後泡水，並瀝乾水分。蒟蒻用熱水汆燙後泡水，切成7～8 mm丁塊狀。竹輪切成薄片。長蔥縱切成4等分後，切成蔥花。

4 用鍋子加熱剩餘的沙拉油，放進雞肉、蒟蒻、香菇、牛蒡熱炒，雞肉變色之後，加入胡蘿蔔、日式豆皮、竹輪翻炒，最後加入長蔥快炒。

5 A材料充分混合後，加入鍋裡，同時也加入步驟 1 的豆渣，一邊用鍋鏟攪拌，持續翻炒至湯汁幾乎收乾為止。裝盤，撒上萬能蔥。

澤湯

原本是使用豬肉的肥肉部分，不過，這裡則用涮涮鍋的豬肉片代替。製作出濃郁的清湯。豬肉汆燙，去除腥味，同時製作出視覺的美味吧！

1 人份
108kcal

材料（2人份）

豬五花肉（涮涮鍋用）	30 g
鹽、胡椒、酒	各少許
牛蒡	20 g
胡蘿蔔	15 g
扁豆	2～3片
金針菇	30 g
白舞茸	25 g
生香菇	1大朵
高湯	2又½杯
A 酒	2大匙
淡口醬油	1大匙
鹽	少於⅓小匙
胡椒	適量

製作方法

1 豬肉撒上鹽、胡椒、酒，用熱水快速汆燙。放涼，切成1 cm寬。

2 牛蒡刮掉外皮，切成5 cm長的細絲，泡水後，瀝乾水分。胡蘿蔔、扁豆也切成細絲。

3 金針菇去除根部後揉散，舞茸揉成小絲。生香菇切掉根蒂，切成細絲。

4 把高湯放進鍋裡煮沸，加入A材料，加入步驟 1 的豬肉和牛蒡，煮沸後，去除浮渣。加入胡蘿蔔、步驟 3 的食材後，再次煮沸，食材變軟後，放入扁豆，煮沸。

青豆湯

普羅旺斯雜燴

麵包

1 人份
643kcal

高麗菜火腿雞蛋卷

前置作業時程表

40分鐘前	高麗菜火腿雞蛋卷
	↓
30分鐘前	開始煮湯
	↓
20分鐘前	準備雞蛋卷的配菜
	↓
上桌前	煎雞蛋卷

營養加分！

雞蛋有優質蛋白質，同時含有豐富的維他命和礦物質，所以被稱為完全營養食品。可是，雞蛋中沒有維他命C和食物纖維。若要補充這2種營養素，搭配蔬菜是最好的做法。把「雞蛋料理就該搭配蔬菜」的這個重點記下來吧！

濱內千波老師傳授

大量蔬菜的基本西式菜單

主菜	**高麗菜火腿雞蛋卷**
副菜	**普羅旺斯雜燴**

菜色變化 ➔ 菠菜蘋果沙拉（→p.57）
菜色變化 ➔ 醃泡茄子（→p.209）　菜色變化 ➔ 醃泡紫甘藍（→p.218）

湯	**青豆湯**

菜色變化 ➔ 蕃茄湯（→p.33）　菜色變化 ➔ 豆漿濃湯（→p.53）
菜色變化 ➔ 青花菜馬鈴薯濃湯（→p.218）

主食	**麵包**

雞蛋料理中的雞蛋卷是西式料理的基本。只要能煎出美麗的形狀和蓬鬆的口感，就會相當美味。在可以品嚐到大量蔬菜的這份菜單中，主菜的配菜也是以蔬菜為主。看起來似乎份量很多，吃起來卻輕鬆無負擔。為了凸顯食材的味道，不要使用蕃茄醬，而是把副菜製成蕃茄味。最後再配上清淡的湯和麵包，就能形成整體協調的菜單。

火腿的鹽味和鮮味提升雞蛋的美味

高麗菜
火腿雞蛋卷

1人份
288kcal

充分品嚐雞蛋鮮味的一道料理。食材的咬勁，確實引誘出雞蛋的柔嫩口感和風味。配菜只要改成絞肉、香菇、馬鈴薯等食材，就可以增添菜色的變化性。

材料（2人份）

雞蛋	4顆
牛奶	2大匙
高麗菜	150 g
洋蔥	1顆
鴻禧菇	100 g
火腿	2片
鹽	適量
胡椒	適量
奶油	1又½大匙

製作方法

1 高麗菜切成段，洋蔥切成1cm丁塊狀，鴻禧菇切掉根部揉開。火腿切成細條。

2 把1大匙奶油溶入平底鍋，放進高麗菜、洋蔥、鴻禧菇拌炒，奶油充分混合後，蓋上鍋蓋。偶爾掀開翻攪，待洋蔥變軟之後，加入火腿拌炒，混入⅓小匙的鹽、少許的胡椒。擺放到調理盤中，放涼備用（ a ）。

3 把2顆雞蛋打在碗裡，混入一半份量的牛奶、鹽、胡椒各少許。

4 把氟素樹脂加工的平底鍋加熱，溶入¼小匙的奶油，並倒入步驟 3 的蛋液，用中火慢慢攪拌，炒至半熟（ b ）。把鍋子從爐上移開，放上步驟 2 一半份量的食材。開小火，從前面把煎蛋翻面，並調整出形狀後，裝盤（ c 、 d ）。另一個也以相同方法製作。

a
冷卻後，味道就會更扎實。只要預先把食材分成1人份，煎的時候就會更加便利。

b
用叉子混合，使整體呈現半熟狀。食材擺放在與鍋柄呈垂直方向的位置。

c
用鍋鏟把煎蛋翻起，自然覆蓋。

d
倒拿平底鍋的鍋柄，以盤子覆蓋般的方式翻面，就可以漂亮裝盤。

不加半滴油和水的燉煮蔬菜

普羅旺斯雜燴

1人份
24kcal

只要仔細悶煮，就可以引誘出蔬菜本身的味道和水分。因此，不要隨便掀蓋。因為無油，所以口味清淡，不管吃多少都沒有問題。

材料（2人份）

茄子	1顆
蕃茄	½顆
櫛瓜	½條
甜椒	½顆
蒜頭	1瓣
紅辣椒	1條
鹽	⅓小匙
胡椒	少許

製作方法

1 茄子、櫛瓜切成1cm厚的片狀，甜椒縱切成對半後，切成1cm寬。蕃茄切成1cm丁塊狀。蒜頭敲碎。

2 依序把蒜頭、紅辣椒、茄子、櫛瓜、甜椒、鹽巴放入鍋裡，最後放上蕃茄（ a ），蓋上鍋蓋後，開中火，悶煮10分鐘後，誘出蔬菜的水分。中途攪拌2～3次。

3 蔬菜變軟之後，攪拌全部食材，用大火稍微收乾，撒上胡椒。

a
只要在最後放入蕃茄，酸味就會遍佈整體，同時也能維持茄子的美麗色彩。蕃茄的鮮味也具有調味效果。

溫和的色澤和味道

青豆湯

1人份
171kcal

享受大豆鬆軟、毛豆清脆，各不相同的口感、咬勁。因為要把食材的鮮味製成高湯，所以要多花點時間悶炒，誘出食材的味道。

材料（2人份）

洋蔥	½顆
馬鈴薯	1顆
培根	1片
大豆（罐頭・淨重）	50 g
毛豆（水煮・淨重）	50 g
鹽	⅓小匙
胡椒	少許
水	1又½杯

製作方法

1 洋蔥、馬鈴薯切成1cm丁塊狀，馬鈴薯確實洗乾淨後，瀝乾水分。

2 培根切成1cm四方形，和步驟 1 的食材一起放進鍋裡，蓋上鍋蓋，開偏小的中火烹煮。偶爾掀蓋攪拌，仔細悶炒至洋蔥變軟為止。

3 加入水、大豆（ a ）、毛豆，用鹽、胡椒調味，進一步用中火烹煮5～6分鐘，使味道入味。

a
大豆是擁有豐富甜味的食材。只要確實烹煮，就能夠誘出味道，就算不使用高湯，仍舊十分美味。

酸辣湯

日本油菜炒絞肉

蟹肉雞蛋

1 人份
880kcal

前置作業時程表

事前作業	煮雞湯
	↓
1小時半前	洗米，白米泡水
	↓
1小時前	開始煮飯
	↓
40分鐘前	蒸煮蟹肉
	↓
30分鐘前	氽燙日本油菜
	↓
20分鐘前	製作酸辣湯 炒日本油菜
	↓
10分鐘前	炒蟹肉雞蛋
	↓
上桌前	製作蟹肉雞蛋的芡汁

營養加分！

副菜的日本油菜是，營養豐富的綠黃色蔬菜。100ｇ的日本油菜便含有1整天所必須的β胡蘿蔔素，維他命Ｃ也相當豐富。另外，鈣質更是牛奶的1.5倍。副菜中所品嚐的蔬菜，可以彌補主菜所不足的營養。

小林武志老師傳授

色彩鮮艷的宴客中華菜單

主菜 # 蟹肉雞蛋

副菜 # 日本油菜炒絞肉

菜色變化➔ 白菜炒榨菜（→p.45）
菜色變化➔ 煎櫛瓜佐芝麻芥末醬（→p.159）

湯 # 酸辣湯

菜色變化➔ 豬五花的紅白蘿蔔湯（→p.45）　菜色變化➔ 粉絲咖哩湯（→p.151）
菜色變化➔ 干貝萵苣湯（→p.154）

主食 # 白飯

奢侈使用鮮甜蟹肉的蟹肉雞蛋，也很適合拿來招待賓客。副菜的鮮艷綠色，襯托出主菜的美麗黃色和紅色。簡單的日本油菜適合和各種料理搭配，希望菜單中有綠色蔬菜時，建議選用日本油菜。湯則是酸味和辣味兼具的湯品。藉由味道截然不同的主菜和副菜，讓餐桌上的美味更顯活潑。

蟹肉雞蛋

1 人份
383kcal

把兩種同樣美味十足的食材組合在一起的美味菜餚。目標是在突顯蟹肉鮮味和多汁的同時，有效利用雞蛋的美味。因此，雞蛋在煮熟的同時，還要避免焦黃，製作出柔嫩的口感。

材料（2人份）

雞蛋		3顆
蟹肉（帶殼）		350 g
長蔥（白色部分）		1根
A	鹽	½小匙
	酒	2小匙
	砂糖	⅓小匙
	醬油	½小匙
	胡椒	少許
	蕃茄醬	1大匙
沙拉油		3大匙
芡汁		
	雞湯（→p.63）	1杯
	鹽	½小匙
	砂糖	1小匙
	醬油	½小匙
	酒	1小匙
	太白粉水	3大匙

製作方法

1 螃蟹帶殼蒸煮，取出蟹肉，在保留一定程度塊狀的同時，把140g揉成容易食用的大小（**a**）。長蔥切開，取出蔥芯，斜切成細絲。

2 在碗裡，把雞蛋打成蛋液，用A材料調味，並加入步驟 **1** 的蟹肉混合。

3 平底鍋確實加熱後，倒入沙拉油，倒入步驟 **2** 的蛋液。開強火，慢慢攪拌（**b**），確實煮熟，不要有半點生的部分殘留，把雞蛋製成塊狀（**c**）。

4 用另一個平底鍋製作芡汁。把太白粉水以外的材料煮沸，加入太白粉水，在即將沸騰的狀態下，大幅攪拌，製作出芡汁。

5 把步驟 **3** 的雞蛋裝盤，淋上步驟 **4** 的芡汁。

a

蟹肉不要分得太細，只要保留某程度的塊狀，就能增添咬勁。

b

把蛋液往前後翻炒，一邊攤平雞蛋。確實炒熟後，就能產生特有的美味。

c

把雞蛋的邊緣往內推，讓雞蛋結合在一起。

美味加分！

小林老師的話

用撕碎的蟹肉、蟹肉棒或是蟹肉罐頭取代蟹肉，也會非常美味。這個時候，就算全部材料的份量都相同也沒問題。使用蟹肉罐的時候，只要加上1小匙的罐頭湯汁，就可以增添風味，雞蛋也會變得更柔嫩、美味。可是，罐頭湯汁的鹽分較重，所以請控制一下調味料的鹽分。

日本油菜炒絞肉

『煮過之後再炒』的兩階段加熱法，就是
炒出不苦不澀的青菜方法。略帶清淡味
道的雞絞肉也能增添咬勁。

1人份
173kcal

材料（2人份）

日本油菜	½把（140 g）
雞絞肉	100 g
紅辣椒	1條
蒜頭	1瓣
醬油	1大匙
酒	1大匙
蠔油	1大匙
沙拉油	3大匙

a

汆燙可以確實去除蔬菜的草味，
品嚐到高級的蔬菜美味。

製作方法

1 日本油菜切成5cm長。蒜頭切
成略粗的碎末。

2 把日本油菜放進大量的滾燙熱
水中，汆燙約20秒，直到莖呈現半
透明（**a**）。放進濾網，用流動的
水沖冷。用紙巾等確實去除水分。

3 把沙拉油和蒜頭放進鍋裡，開
中火翻炒，產生香氣後，放入雞絞
肉和紅辣椒，持續炒到雞肉變白色
為止。加入醬油和酒，改用強火，
放入步驟 **2** 的日本油菜和蠔油一起
拌炒，充分入味後，就可以起鍋
了。

酸辣湯

正如其名，又酸又辣的酸辣湯，可以品
嚐到由米醋和醇厚的黑醋所混雜而成的
複雜美味。現磨的胡椒香氣，也能增進
食慾。

1人份
156kcal

材料（2～3人份）

雞湯（→p.63）	3杯
生豆皮	120 g
青蔥（蔥花）	適量
A ┌ 米醋	1大匙
└ 黑醋	1小匙
白胡椒（現磨）	5次
辣油	1大匙
鹽	⅔小匙
太白粉水	2大匙

a

醋要在最後混入。如此一來，酸
味和香氣就不容易揮發。

製作方法

1 生豆腐皮切成細絲。

2 用鍋子把雞湯煮沸，放進步驟
1 的生豆腐皮加熱。用鹽和白胡椒
調味。

3 加入些許太白粉水勾芡，重複
數次，讓芡汁變得更加濃稠。

4 最後混入A材料（**a**），起鍋
後，撒上青蔥，並滴入幾滴辣油。

第4章

以白飯和麵食為主角

的兩菜一湯

壽司、炒飯或義大利麵等主食料理，
因為使用了許多的食材，所以口感總是耐人尋味，
加上視覺上的華麗饗宴，讓主食料理更具有主角般的風格。
可是，畢竟是碳水化合物。所以還是在要副菜或湯品中，
使用肉、魚貝或蔬菜，藉此達到整份菜單的營養均衡。
也很適合當成休假日的午餐喔！

1 人份
786kcal

五目壽司

菠菜拌芝麻

花蛤味噌湯

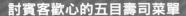

松本忠子老師傳授

討賓客歡心的五目壽司菜單

主菜	# 五目壽司

副菜 ## 菠菜拌芝麻

菜色變化→ 浸菠菜（→p.51）
菜色變化→ 煎煮日本油菜和日式豆皮（→p.115）
菜色變化→ 胡蘿蔔拌芝麻（→p.167）

湯 ## 花蛤味噌湯

菜色變化→ 蜆湯（→p.113）
菜色變化→ 蛤蜊湯（→p.141）
菜色變化→ 澤湯（→p.179）

豐盛的五目壽司。女兒節或賓客齊聚的時候，最適合拿來宴客的美味主食。雖說五目壽司的配菜越多，就會越美味，但是逐一料理實在相當費力。所以這裡要介紹簡單製作五目壽司的方法。不管怎麼說，因為主食已經展現出主角般的華麗風貌，所以副菜和湯品就採用簡單的菜色。菠菜拌芝麻的醇厚純芝麻醬，讓口感絕佳的壽司更加出色，味噌湯的花蛤鮮味挑逗食慾，讓壽司一口接著一口。

前置作業時程表

預先準備	製作高湯
	煮香菇和乾瓢
	↓
2小時半前	洗米，白米泡水
	↓
2小時前	開始煮飯
	↓
1小時前	製作壽司飯，放涼
	烹煮五目壽司的配菜
	↓
40分鐘前	汆燙菠菜，預先調味
	製作蛋絲
	↓
15分鐘前	把配菜混在壽司飯上
	↓
10分鐘前	製作味噌湯
	↓
上桌前	菠菜拌芝麻拌料

營養加分！

五目壽司所不可欠缺的乾香菇、乾瓢，含有豐富的鉀、鐵質、維他命B群、食物纖維。而且脂肪含量少，熱量低。是非常適合作為常備菜的食材。

美味關鍵！

預先製作香菇、乾瓢備用

在壽司的配菜中，香菇和乾瓢要獨自烹煮。只要先用帶有甜味的醬油浸泡入味，就能夠在味道上加分許多，使壽司整體的味道更加扎實。與其少量製作，一次大份量的製作反而更加美味。如果有時間的話，可以多做一點起來備用，冷凍保存也OK。對細卷壽司、蛋花湯或拌芝麻豆腐、便當的配菜等來說，都是相當珍貴的食材。

用大量的蛋絲做出醇厚味道

五目壽司

1 人份
585kcal

混入大量蔬菜和乾貨，享受不同的口感和味道。雖然材料很多，但除了乾香菇和乾瓢以外，其他的食材都可以一起烹煮，所以一點都不費力。完成之後，份量會變很多，所以也可以讓賓客外帶回家喔！

材料（較容易製作的份量）

米	4 米杯
壽司醋	
醋	⅔ 杯
砂糖	3 大匙
鹽	1 又 ½ 小匙
甜煮乾香菇	
乾香菇	10 朵
水	350 ㎖
A 砂糖	5 大匙
A 酒	4 大匙
A 醬油	3 大匙
味醂	3 大匙
甜煮乾瓢	
乾瓢	30 g
高湯	330 ㎖
B 鹽	1 小匙
B 砂糖	4 大匙
B 醬油	3 大匙
B 酒	3 大匙
味醂	3 大匙
沙拉油	1 大匙
C 蒟蒻	½ 片
C 牛蒡	100 g
C 胡蘿蔔	100 g
C 日式豆皮	2 片
C 凍豆腐	4 片
C 竹輪（細）	5 條
D 高湯	1 又 ½ 杯
D 醬油	3 大匙
D 砂糖	3 大匙
D 酒	3 大匙
D 味醂	3 大匙
D 鹽	½ 小匙
蛋絲	
雞蛋	4 顆
鹽	少許
沙拉油	適量
扁豆	適量
紅薑	適量

※1 甜煮乾香菇和甜煮乾瓢是容易製作的份量。
※2 凍豆腐依照標示泡軟。

a

配菜確實切好，就更容易和壽司飯融合，口感也就會更好。

b

一邊混合，一邊讓食材沾滿溶出的湯汁。湯汁減少至這種程度後，就可以起鍋。

c

以切入的方式攪拌，避免壓碎米粒。如果是這種份量的話，水分能夠自然揮發，所以不用搧涼。

d

只要分成 ¼ 混合攪拌，就能讓配菜遍佈。如果一次攪拌整體，就不容易均勻混合。

製作方法

1 製作甜煮乾香菇。乾香菇清洗後，在水裡（份量外）浸泡數小時，把香菇泡軟。如果沒有時間，就把香菇浸泡在放了一撮砂糖的熱水。去掉根蒂，把指定份量的水煮沸後，放進鍋裡，再加入A材料，一邊去除浮渣，一邊用小火烹煮15分鐘。湯汁減少，味道充分入味後，加入味醂，<u>稍微把火調大</u>，煮出光澤。

2 製作甜煮乾瓢。乾瓢清洗後，撒上鹽（份量外），充分搓揉，清洗後，用熱水汆燙。乾瓢變軟且半透明之後，用濾網撈起，放涼，切成可放進鍋裡的大小。把高湯放進鍋裡，煮沸後，加入乾瓢、B材料，用小火烹煮20分鐘。湯汁減少，味道充分入味後，加入味醂，<u>稍微把火調大</u>，煮出光澤。

3 處理C材料的部分。竹輪切成片，其他食材切成3～4cm長的細條。牛蒡泡水後，瀝乾水分（ **a** ）。

4 沙拉油放進鍋裡加熱，放入步驟 **3** 的蒟蒻、牛蒡拌炒，食材都裹上油之後，加入胡蘿蔔、日式豆皮、凍豆腐、竹輪拌炒。加入D材料，改用大火，<u>一邊攪拌，一邊烹煮至湯汁幾乎收乾的程度</u>（ **b** ）。放涼後，用濾網撈起，<u>把湯汁瀝乾</u>。

5 把製作蛋絲的雞蛋打成蛋液，混入鹽。平底鍋用沙拉油預熱，把一顆雞蛋左右的量倒進鍋裡，製作出4～6片雞蛋薄片，放涼後，切成細絲。扁豆汆燙後放涼，切成細絲。

6 製作醋飯。洗米，用淹過白米的水量浸泡30分鐘。用濾網撈起，把水分確實瀝乾，放進飯鍋裡，<u>用略少的水量烹煮</u>。混入壽司醋的材料。把白飯移到餐台上，淋上壽司醋，以切入的方式，用飯勺混合（ **c** ）。蓋上濕布，讓米飯冷卻至肌膚程度的溫度。

7 步驟 **1** 的甜煮乾香菇和步驟 **2** 的甜煮乾瓢各使用一半的份量。香菇切成細條，乾瓢則切成1cm四方，和步驟 **4** 的食材一起混合。

8 把步驟 **6** 的醋飯攤平，並且把步驟 **7** 的食材<u>平均擴散在醋飯上面，把醋飯分成各¼的份量</u>，進行攪拌（ **d** ）。最後再攪拌全部，同時鋪上步驟 **5** 的蛋絲，附上紅薑。

菠菜拌芝麻

1人份
155kcal

菠菜的預先調味是這道料理的關鍵。只要確實入味，食材的味道就不會因為拌料而失去風采。製作出適合搭配壽司的略濃口味吧！

材料（2人份）

菠菜		½把
鹽		少許
A	高湯	¼杯
	淡口醬油	1又½小匙
B	純白芝麻醬	1大匙
	白芝麻	1又½大匙
	醬油	2小匙
	酒	1小匙
	砂糖	1小匙

製作方法

1 用加了鹽的熱水汆燙菠菜，沖冷水快速冷卻，<u>把水分擠乾後</u>，切成5cm的長度。

2 在調理盤中混合A材料，把菠菜浸泡在其中，放置30分鐘，<u>使味道充分入味</u>。

3 把B材料、1大匙步驟 **2** 浸泡菠菜的湯汁混入碗裡，確實把菠菜的湯汁擠乾，加入碗裡快速拌勻。

花蛤味噌湯

1人份
46kcal

善用花蛤本身的美味，製作出感染全身的深層味道。花蛤的味道濃厚，鹽分也偏多，所以味噌不要使用太多，要試過味道之後再調味。

材料（2人份）

花蛤	200g
高湯	2杯
味噌	1又½小匙

製作方法

1 花蛤浸泡在海水程度的鹽水（約3%，份量外）裡吐沙（ **a** ），把外殼搓洗乾淨。

2 把高湯、步驟 **1** 的花蛤放進鍋裡烹煮，<u>花蛤開口之後</u>，溶入味噌。花蛤的鹽分較強，所以要先試過味道，再進行調味。

a

花蛤浸泡在鹽水裡吐沙。只要用報紙等蓋在上方，砂就會吐得比較乾淨。

薯蕷豬肉卷

蘘荷蛋花湯

稻荷壽司

松本忠子老師傳授

聚餐時的人氣菜單

主菜	# 稻荷壽司

副菜 ## 薯蕷豬肉卷

菜色變化➜ 麻油拌豆芽白菜（→p.143）
菜色變化➜ 豆渣（→p.179）
菜色變化➜ 炒雞肉（→p.199）

湯 ## 蘘荷蛋花湯

菜色變化➜ 雜燴湯（→p.51）
菜色變化➜ 蕃茄金針菇蛋花湯（→p.104）
菜色變化➜ 澤湯（→p.179）

可以隨手拿著吃的稻荷壽司，最適合一大群人聚集的生日會或派對等，因家裡的活動而忙碌的時刻。是道只要仔細製作，就可以讓每個人感到欣喜的熱門料理。搭配上冷了之後依然美味的副菜，以及令人暖上心頭的清湯，就是份細微貼心的菜單。就跟五目壽司一樣，稻荷壽司同樣也可以多做一點起來，分送給來訪的賓客。因為壽司飯沒有加入配菜，所以要利用副菜和湯來增添咬勁。就用口感絕佳的薯蕷和蘘荷，為整份菜單加上重點吧！

前置作業時程表

預先準備	製作高湯
	煮日式豆皮
	↓
2小時半前	洗米，白米泡水
	↓
2小時前	開始煮飯
	↓
1小時前	製作壽司飯，放涼
	↓
30分鐘前	製作稻荷壽司
	↓
20分鐘前	製作薯蕷豬肉卷
	↓
10分鐘前	煮湯

營養加分！

增添壽司飯香氣的香橙。這種香氣可抑制神經興奮，具有讓人放鬆的效果。香味成分多半在果皮裡面，所以只要削成細絲就行了。

美味關鍵！

便利的稻荷壽司用日式豆皮

近年來，豆腐專賣店都有販售，1片日式豆皮尺寸恰好可製作出1個稻荷壽司的日式豆皮。因為很容易剝開，所以相當好用。如果沒有，就算用切成一半的一般日式豆皮來製作也沒問題。照片中是松本老師相當愛用，位在東京·本所吾妻橋的「豆源鄉」所販售的日式豆皮。

稻荷壽司

1 人份
662kcal

美味的關鍵是，又甜又鹹的日式豆皮。如果調味不足，日式豆皮和醋飯之間就會失去協調，就會讓整體的味道變淡。如果有時間，可以製作起來備用。最後再用打結的甜煮乾瓢增添口感。

材料（較容易製作的份量）

日式豆皮（稻荷壽司用）※	20片
高湯	2杯
A ┌ 酒	½ 杯
├ 砂糖	6大匙
└ 醬油	5大匙
味醂	4大匙
米	4米杯
昆布高湯（或水）	3又 ½ 杯
壽司醋	
醋	½ 杯
砂糖	4大匙
鹽	1又 ⅓ 小匙
香橙皮（切末）	適量
白芝麻	2～3大匙
甜煮乾瓢（→p.188）	適量
紅薑	適量

※ 使用小尺寸的稻荷用日式豆皮。使用一般的日式豆皮時，就準備10片，切成一半後，剝開成袋狀使用。

製作方法

1 日式豆皮切掉一邊，剝開成袋狀，攤放在盆篩上，淋上熱水去油，直接放著冷卻。

2 把高湯放進鍋裡，沸騰後，加入A材料。用雙手夾住步驟 **1** 的日式豆皮，擠掉水分，放進鍋裡，用大火烹煮10分鐘。湯汁充分吸收後，加入味醂，待湯汁幾乎收乾，呈現出光澤後，關火，放涼（ **a** ）。

3 洗米，用淹過白米的水量浸泡30分鐘。用濾網撈起，把水分確實瀝乾，放進飯鍋裡，加入昆布高湯烹煮。在碗裡混入壽司醋的材料，攪拌備用。

4 把白飯移到餐台上，淋上壽司醋，以切入的方式，用飯勺混合。同時混入香橙皮、芝麻，蓋上濕布，讓米飯冷卻至肌膚程度的溫度。

5 用手沾上一點醋（份量外），抓起步驟 **4** 的醋飯，用手緊掐後，塞在步驟 **2** 的日式豆皮裡（ **b** ）。用甜煮乾瓢打結後，裝盤，附上紅薑。

a

日式豆皮只要一次烹煮備用，就可以作為烏龍麵或蛋花湯的配菜使用。冷藏保存後，要在一星期內食用完畢。

b

壽司飯只要事先掐緊，就比較容易填塞、塑形。沾在手上的醋如果太多，不是會改變醋飯的味道，就是會變得黏膩，要多加注意。

清脆的薯蕷咬勁十足

薯蕷豬肉卷

裏上奶油風味和鹹甜味的豬肉，更能凸顯薯蕷的清淡風味。熱的時候好吃，冷的時候也不會遜色，所以也很適合當成便當的配菜。

1人份
245kcal

材料（2～3人份）

豬里肌肉（涮涮鍋用）	200 g
薯蕷	200 g
鹽、胡椒	各少許
奶油	1大匙
A ┌ 酒	1大匙
├ 味醂	1大匙
├ 醬油	1大匙
└ 砂糖	1小匙

製作方法

1 薯蕷切成符合豬肉寬度的長度，並進一步切成1.5cm的棒狀。

2 把豬肉攤平在砧板上，稍微撒上一些鹽、胡椒，捲入步驟 **1** 的薯蕷（ **a** ）。

3 在平底鍋溶入奶油，步驟 **2** 的豬肉捲末端朝下，擺放進平底鍋煎煮。豬肉捲煎出焦黃色之後，一邊滾動，把整個豬肉捲煎熟，加入A材料，讓豬肉捲裹上醬汁，使味道入味。

a

就算豬肉捲裡面的薯蕷沒有煮熟也沒關係，切成較粗的棒狀，讓薯蕷更有咬勁。

飄散著輕微的蘘荷香氣

蘘荷蛋花湯

沖淡鹹甜味的稻荷壽司，口感清爽的湯。蛋液倒入後不要攪拌，就是製作出不混濁的清澈清湯的關鍵。

1人份
47kcal

材料（2人份）

蘘荷	2個
雞蛋	2顆
高湯	2又½杯
A ┌ 酒	1大匙
├ 淡口醬油	1大匙
└ 鹽	少許

製作方法

1 蘘荷縱切成對半，縱切成片。雞蛋打成蛋液備用。

2 把高湯放進鍋裡煮沸，放入A材料和步驟 **1** 的蘘荷，沸騰後，把蛋液倒入。雞蛋熟透浮起之後，就可以起鍋了。

煎酒魚乾

1人份
588kcal

烤茄子味噌湯

什錦菜飯

前置作業時程表

預先準備	製作高湯
	把乾香菇泡軟
	製作煎酒
	↓
2小時前	洗米，白米泡水
	準備什錦菜飯的配菜
	↓
1小時前	開始炊煮什錦菜飯
	↓
30分鐘前	烤味噌湯的茄子
	↓
10分鐘前	製作煎酒魚乾
	↓
上桌前	製作味噌湯

> **營養加分！**
>
> 煎酒魚乾所使用的梅干，自古就有維持健康的效用。最近，更有研究指出，梅干有抑制老化、造成文明病原因的活性氧及微生物的作用，因而使其功能性更受到矚目。

松本忠子老師傳授

什錦菜飯的簡單宴客菜單

主菜	**什錦菜飯**

副菜	**煎酒魚乾**

菜色變化 ➡ 分蔥煎蛋（→p.61）　菜色變化 ➡ 菠菜拌芝麻（→p.189）
菜色變化 ➡ 薯蕷豬肉卷（→p.193）

湯	**烤茄子味噌湯**

菜色變化 ➡ 蘿蔔味噌湯（→p.29）　菜色變化 ➡ 番薯味噌湯（→p.109）
菜色變化 ➡ 簡易茶碗蒸（→p.199）

什錦菜飯是蒸煮飯的基本。就算不夠豐盛、華麗，但是只要讓配菜深入每一顆米粒，就能製作出美味的米飯。用大量配菜調味的米飯，往往讓人不知道該如何選擇配菜。因為主菜本身就有主食的作用，所以副菜只要採用簡單卻又可當成主角的菜色，就能製作出更纖細的菜單。紅金眼鯛的外觀本身就十分豪華，所以也適合作為午餐等時候的宴客菜單。

讓人一碗接著一碗
什錦菜飯

1 人份
349kcal

高湯中充滿雞肉和蔬菜味道重疊的深層味道。味道深入的白飯，肯定會讓人一碗接著一碗。其中，牛蒡的香氣也相當有效。同時也能為口感加分，是一定要採用的材料。

材料（較容易製作的份量）

米 ······························· 2 米杯
高湯 ······················ 多於1又¾杯
雞腿肉 ························· 100 g
牛蒡 ···························· 40 g
胡蘿蔔 ·························· 50 g
乾香菇 ··························· 2 朵
A ┌ 酒 ·························· 1 大匙
  └ 醬油 ························ 1 大匙
B ┌ 酒 ·························· 2 大匙
  ├ 醬油 ························ 2 小匙
  └ 鹽 ····················· 多於1小匙

製作方法

1 乾香菇清洗後，在水裡浸泡數小時，把香菇泡軟。如果沒有時間，就把香菇浸泡在放了一撮砂糖的熱水裡，就可以更快速泡軟。洗米，把白米在淹過白米的水量中浸泡30分鐘。

2 牛蒡用鬃刷清洗乾淨，如果有鬚根就加以去除，在帶皮的狀態下切成5mm的丁塊狀。乾香菇去掉根蒂，胡蘿蔔切成和牛蒡一樣的5mm丁塊狀。雞肉切成1.5～2cm的丁塊狀（**a**）。

3 把步驟 **2** 的食材混在一起，淋上A材料，快速攪拌混合（**b**）。

4 把步驟 **1** 的白米充分瀝乾，放進飯鍋，加入高湯、B材料混合，鋪上步驟 **3** 的食材烹煮。

5 烹煮完成後，快速攪拌整體。如果還有剩餘，只要分成小份量，冷凍保存即可。

配菜只要切成容易和白米融合的大小，就可以在每一口品嚐到各種美味。

配菜不需要事先烹煮，只要混入調味料即可。直接和白米一起烹煮，配菜的味道和香氣就會完整包覆白米。

適合下酒的精華料理
煎酒魚乾

1 人份
193kcal

香煎的魚乾淋上煎酒，讓魚乾產生濕潤口感。煎酒的梅乾風味，讓油脂豐富的魚更加清爽、可口。

材料（2人份）

紅金眼鯛魚乾 ················· 1 片
煎酒※
  酒 ························· 1 又½杯
  淡口醬油 ···················· 2 大匙
  味醂 ························ 1 大匙
  梅乾（中）···················· 2 顆

※煎酒是容易製作的份量。江戶時代普遍使用的調味料，在酒的美味中加上梅子酸味和鹹味的高級味道深具魅力。讓料裡更有層次。

製作方法

1 製作煎酒。把材料全部放進小鍋裡煮沸後，用小火烹煮10分鐘。酒精揮發，使味道變得醇厚之後，就可以起鍋了。直接放涼備用。

2 魚乾（**a**）用烤網烤得恰到好處，烤好之後，淋上¼左右的煎酒，讓味道充分入味。剩下的煎酒就和梅乾一起放進瓶裡，放進冰箱保存，並且在1個月內使用完畢（**b**）。

紅金眼鯛有很多油脂，所以和煎酒相當對味。金梭魚、竹筴魚等魚乾也很適合。

煎酒除了搭配烤的料理之外，也可以搭配口味清淡的白肉魚和貝類等生魚片，用來取代醬油。也很適合涼拌、燉煮。

芥末鎖住味道
烤茄子
味噌湯

1 人份
46kcal

完整品嚐茄子的甘甜和水嫩。為避免茄子的水分讓味道變淡，要使用仙台味噌等口味較濃的味噌，並且添加上芥末泥。夏天則可以使用紅味噌。

材料（2人份）

茄子 ···························· 2 條
高湯 ······················ 1 又½杯
味噌 ···················· 1又½大匙
芥末泥 ························· 適量

製作方法

1 茄子去掉蒂頭，用烤網烤到外皮焦黑為止。整體烤勻後，沖水，用竹籤把外皮剝除（**a**）。

2 把高湯放進鍋裡煮沸，溶入味噌，煮開後把步驟 **1** 的茄子放入，關火。

3 把茄子逐一放進碗裡，倒入湯汁，放上芥末泥。

用竹籤從蒂頭端剝開外皮。如果烤不夠，外皮就不容易剝除，所以要確實烤至焦黑為止。

1人份
797kcal

炒雞肉

簡易茶碗蒸

蒸紅豆飯

慶賀之日的菜單

主菜 蒸紅豆飯

副菜 炒雞肉

菜色變化 ➔ 燉煮蘿蔔乾（→p.123）
菜色變化 ➔ 豆渣（→p.179）
菜色變化 ➔ 煎酒魚乾（→p.195）

湯 簡易茶碗蒸

菜色變化 ➔ 雜燴湯（→p.51）
菜色變化 ➔ 日本油菜干貝羹（→p.81）
菜色變化 ➔ 蘘荷蛋花湯（→p.193）

值得慶賀的時刻，紅豆飯是令人喜悅的菜色。如果是親手製作，那份美味就更加特別了。一想到要用蒸籠蒸煮，往往都會讓人退縮，但如果用飯鍋炊煮，方法就更加簡單了。搭配的菜色是配菜豐富的炒雞肉。以前，正月或祭典等時候，都會製作大量的炒雞肉，和紅豆飯同樣都是適合節慶的料理。代替湯的茶碗蒸則是為了凸顯紅豆飯和炒雞肉，而不放任何配菜的滑嫩口感。以清湯的感覺去細細品嚐吧！

前置作業時程表

預先準備	製作高湯
	乾香菇泡水
	↓
2小時半前	清洗糯米，泡水
	豇豆汆燙
	↓
1小時前	開始炊煮紅豆飯
	製作炒雞肉
	↓
20分鐘前	製作茶碗蒸

營養加分！

豇豆是含有維他命 B_1、鐵質、食物纖維等豐富營養素的健康食材。維他命 B_1 是代謝米飯等糖質的必要成分，所以和糯米一起食用是有道理的。鐵質可預防貧血，食物纖維有助於改善便秘。

美味關鍵！

用飯鍋輕鬆炊煮出紅豆飯

糯米非常容易吸收水分，所以用蒸籠蒸煮，一邊讓多餘水分揮發一邊加熱，是最基本的作法。可是，為了更貼近紅豆飯或糯米紅豆飯，試著使用飯鍋蒸煮吧！如果用一般的煮飯方式炊煮，水分不容易揮發，米粒就容易黏在一起，所以要減少水量，並且在蒸煮後馬上翻攪，從飯鍋中倒出。這樣一來，就可以製作出宛如蒸籠蒸出般的紅豆飯。

熱的時候當然不用說，冷的時候也很美味

蒸紅豆飯

1人份
460kcal

紅色代表喜事，同時也被視為驅邪的代表，所以節慶的時候，經常會端出紅豆飯來慶祝。日本國內多半都是使用紅豆來製作紅豆飯，但是，關東地區則偏愛使用豇豆，因為豇豆不容易破裂，而且武士門第也比較喜歡豇豆。

材料（容易製作的份量）

糯米	3米杯
豇豆	½杯
鹽	1小匙
芝麻鹽※	適量

※ 可使用市售品。如果要採用自家製，就把5大匙黑芝麻放進平底鍋，用小火慢炒，並加入2又½大匙的鹽，待整體變得鬆散後，就可以起鍋，攤平在紙巾上，放涼。可放進玻璃瓶裡，以常溫保存。

製作方法

1 清洗糯米，在淹過糯米的水裡浸泡1小時以上。

2 豇豆（**a**）清洗後，放進鍋裡，加入3杯的水，用中火烹煮。煮沸之後，用濾網撈起，把烹煮的湯汁倒掉，把豇豆放回鍋裡。加入2又½杯的水，開中火烹煮，<u>直到呈現出色澤為止</u>。用濾網撈起，把豇豆和烹煮的湯汁分開，<u>各自放涼</u>（**b**）。

3 把糯米的水分瀝乾，放進電鍋，上面擺上一支木筷，加入步驟 **2** 的豇豆湯汁，直到淹過竹筷為止（**c**）。把竹筷拿掉，加入步驟 **2** 的豇豆和鹽，混合之後，攤平表面。

4 <u>飯煮好之後，馬上用飯勺上下翻動、攪拌</u>，再挪移到飯桶或餐台（**d**）。加上芝麻鹽。剩下的紅豆飯可以分成小份，用保鮮膜包裹，冷凍保存。

a
豇豆的味道和紅豆截然不同。外皮就算蒸煮，也不容易破裂，色澤也比紅豆更加漂亮。

b
湯汁只要快速冷卻，紅色就會更加鮮豔。可以反覆倒進碗裡面，讓湯汁接觸空氣，或是隔著冰水冷卻。

c
紅豆的水量如果太多，糯米就會變得黏糊。水量只要淹過竹筷高度就夠了。

d
如果持續放置在飯鍋裡，糯米就會變得黏糊。所以要移放至木製或竹製的容器裡，讓多餘的水分揮發。

美味加分！

松本老師的話

希望節省豇豆的烹煮時間時，只要使用這種豆，就會相當便利。這是專門用來烹煮紅豆飯的豇豆，只要加入糯米就可以烹煮。味道和色澤也都很不錯，重點是可以讓製作更加簡單。大家或許可以試試看，讓自己有更多時間仔細製作其他料理，同時讓值得慶賀的餐桌更加熱鬧非凡。

炒雞肉

雞肉的鮮味滲入根莖類蔬菜和蒟蒻的超美味料理，全都得歸功於油的香氣。這是無法單憑高湯煮出的味道。沙拉油加上芝麻油，同時也能增添濃郁和香氣。

材料（較容易製作的份量）

雞腿肉	100 g
蒟蒻	½ 片
芋頭	3 顆
牛蒡	70 g
胡蘿蔔	100 g
蓮藕	100 g
乾香菇（小）	3 朵
扁豆	適量
沙拉油	½ 大匙
芝麻油	½ 大匙
A ┌ 高湯	¾ 杯
┤ 酒	1 又 ½ 大匙
└ 糖	1 大匙
醬油	1 又 ½ 大匙
味醂	1 又 ½ 大匙

製作方法

1 乾香菇清洗後，在水裡浸泡數小時，把香菇泡軟。如果沒有時間，就把香菇浸泡在放了一撮砂糖的熱水裡，就可以更快速泡軟。

2 雞肉去除油脂，切成一口大小。把熱水放進鍋裡煮沸，放進蒟蒻，汆燙至再次沸騰之後，沖水冷卻，並撕碎成與雞肉相同程度的大小。

3 芋頭切成2～3塊。牛蒡用鬃刷充分清洗，如果有鬚根就加以去除，在帶皮的狀態下，切成滾刀塊，泡水。胡蘿蔔切成比牛蒡略大的滾刀塊。蓮藕去皮，切成滾刀塊，並浸泡在醋水（份量外）裡。香菇去掉根蒂，削成薄片。扁豆用熱水汆燙，沖水後，瀝乾水分。

4 鍋子充分加熱後，塗上沙拉油和芝麻油，拌炒雞肉，<u>雞肉完全不會沾黏鍋底後</u>，依序加入牛蒡、香菇、蒟蒻、蓮藕、胡蘿蔔、芋頭，每次放入食材時，都要翻動一下。<u>所有食材都裹滿油之後</u>，加入A材料煮沸，加入醬油，去除浮渣。放上落蓋後，烹煮10分鐘。

5 掀開落蓋，<u>用鍋鏟攪拌翻炒</u>，讓味道充分入味（**a**）。蔬菜變軟後，加入味醂混合，直到食材呈現出光澤為止。裝盤後，撒上扁豆。

一邊把食材均勻加熱，一邊讓食材裹上熬煮的湯汁鮮味。

滑嫩的口感正是絕品

簡易茶碗蒸

因為沒有放入任何配菜，所以可以充分享受雞蛋本身的鮮味。因為在2顆雞蛋中加入1顆蛋黃，所以可以產生宛如濃醇布丁般的味道。最後再放上梅肉，作為味道的重點。

材料（2人份）

雞蛋	2 顆
蛋黃	1 顆
A ┌ 高湯	1 又 ½ 杯
│ 酒	1 又 ⅓ 大匙
┤ 淡口醬油	1 小匙
│ 味醂	1 小匙
└ 鹽	½ 小匙
梅乾（小）	1 顆

製作方法

1 把雞蛋和蛋黃打進碗裡，充分攪拌均勻，加入A材料混合（**a**），用濾網過濾，讓蛋液更加滑嫩。

2 把蛋液分成2等份，放進蒸蛋用的容器裡。

3 把步驟 **2** 的蒸蛋容器放進冒出蒸氣的蒸煮器裡，用偏小的中火蒸煮15分鐘。

※ 把布覆蓋在鍋蓋上，防止水滴進蒸蛋容器裡。

4 擺上撕碎的梅乾果肉。

茶碗蒸的基本比例是，雞蛋1：少於3的調味高湯。

1人份
829kcal

高麗菜濃湯

高纖沙拉

蛋包飯

濱內千波老師傳授

以飽足感的米飯為主角的菜單

| 主菜 | # 蛋包飯 |

副菜 高纖沙拉

菜色變化 ➔ 涼拌捲心菜（→p.37）
菜色變化 ➔ 鮮蝦醃泡沙拉（→p.53）
菜色變化 ➔ 普羅旺斯雜燴（→p.181）

湯 高麗菜濃湯

菜色變化 ➔ 豆漿濃湯（→p.53）
菜色變化 ➔ 香菇濃湯（→p.89）
菜色變化 ➔ 蕃茄玉米片湯（→p.209）

受歡迎的蛋包飯是主菜份量十足的主食菜色。利用清爽風味的白醬，作出不同以往的變化吧！口感比蕃茄醬更加清爽，可以讓人百吃不膩到最後。柔嫩口感的蛋包飯，就用咬勁十足的沙拉來作為副菜。把口感不同的食材混合在一起，也能彌補主菜蔬菜不足的問題。湯就採用可簡單製作的滑嫩口感。因為完全沒有使用粉末，所以濃稠感較為溫和，正好和沙拉的熱鬧口感形成強烈對比。

前置作業時程表

2小時前	洗米，讓白米泡水
	↓
1小時半前	開始煮飯
	↓
1小時前	烹煮大麥 蒸煮雪白菇
	↓
20分鐘前	煮湯
	↓
15分鐘前	拌勻沙拉
	↓
10分鐘前	製作蕃茄炒飯
	↓
上桌前	完成蛋包飯

▌營養加分！

食物纖維有水溶性和非水溶性兩種，只要兩種能夠均衡攝取，就能幫助排便的順暢。而沙拉中所使用的大麥也有豐富的水溶性和非水溶性食物纖維。雖然大麥是穀類，但只要當成蔬菜或豆類般使用，就能夠作為食物纖維的補給來源。

美味關鍵！

雞蛋料理不要過分焦急！

為了品嚐到濃糊的雞蛋和米融為一體的口感，蛋包飯要留到最後再製作。為了讓雞蛋呈現均勻的半熟狀態，要一邊注意火侯，一邊用叉子輕輕攪拌。如果用大火匆忙加熱，就會導致失敗。覺得『可能有失敗的危險』時，就先暫時把鍋子從爐上移開。可以事先在爐灶旁邊準備一條濕布，感覺過熱的時候，只要把平底鍋放在上面冷卻，就沒有問題了。

蛋包飯

用煎得恰到好處的半熟蛋，包覆濕潤的蕃茄炒飯。只要確實拌炒蕃茄醬，炒出濃郁風味，製作出酸甜參半的溫和味道，就能做出具職業水準的蕃茄炒飯。最後再用清爽的優格，讓蕃茄的風味更顯濃郁。

1 人份
574kcal

材料（2人份）

火腿	4 片
洋蔥	½ 顆
蘑菇（罐頭）	1 小罐（85ｇ）
白飯	200ｇ
蕃茄醬	4 大匙
鹽	適量
胡椒	適量
奶油	2 又 ½ 大匙
雞蛋	4 顆
A ┌ 美乃滋	1 大匙
│ 原味優格	2 大匙
└ 鹽、胡椒	各少許
黑胡椒	適量
茴香芹	適當

製作方法

1 火腿、洋蔥切成 1 ㎝方形。蘑菇用濾網過濾，把湯汁和蘑菇分開。

2 把 2 大匙奶油溶入平底鍋，放入火腿、洋蔥、蘑菇拌炒。洋蔥變軟之後，加入蕃茄醬翻炒，待所有食材都變軟，感覺湯汁微乾之後，混入步驟 **1** 的罐頭湯汁（**a**）、⅓ 小匙的鹽、少許的胡椒，再把白飯放進鍋裡拌炒（**b**）。

3 把兩顆雞蛋打成蛋液，混入少許的鹽和胡椒。用中火加熱平底鍋，溶入 ¼ 大匙的奶油，倒入蛋液，攪拌蛋液，直到蛋液呈現半熟狀之後，把鍋子從爐上移開，把步驟 **2** 一半份量的炒飯鋪放在鍋柄的另一端，再從前方把煎蛋往上翻起包覆，然後移放到盤子上。再用相同的方式製作另一個蛋包飯。

4 淋上由 A 材料混合而成的醬料，撒上黑胡椒，如果有，就裝飾上茴香芹。

美麗蛋包飯的卷法

只要把飯鋪在與鍋柄呈垂直的位置，就比較容易移放至盤子，也比較容易調整形狀。關鍵是把鍋子從爐子上移開，不要讓雞蛋太熟。只要把鍋子放在濕布上，就可以減少失敗。

反手握著鍋柄，用左手拿著盤子，再把平底鍋覆蓋在盤子上。

飯重疊上之後，只要善用平底鍋的邊緣，就可以調整出自然的弧度，完成漂亮的裝盤。

a

蘑菇的罐頭湯汁本身帶有甜味和鹽味，所以可以用來調味。另外，水分也能讓白飯變得濕潤。

b

炒完配菜和調味料之後，再把白飯放入，就會比較容易混合。蕃茄醬也能夠透過熱炒，更添風味。

可大量補充食物纖維

高纖沙拉

1 人份
96kcal

大麥和醃蘿蔔的絕佳咬勁，與鴻禧菇、毛豆和玉米的鮮味融為一體，形成餘韻十足的一道。也可依個人喜好加上檸檬汁。

材料（2人份）

大麥（乾燥）	20 g
裙帶菜（乾燥）	2 g
醃蘿蔔	10 g
雪白菇	50 g
毛豆（水煮・淨重）	50 g
玉米（罐頭・淨重）	30 g
A ⎡ 鹽、胡椒	各少許
⎣ 白芝麻	1 小匙

乾燥（左）和煮過之後的大麥。可以一起煮起來備用。冷藏可存放2天，若分成小包裝冷凍，則可存放一星期左右。

製作方法

1 把大麥約10倍的水放進鍋裡煮沸，並且在沸騰的時候，放入大麥，一邊注意不要讓湯溢出，一邊用中火烹煮15分鐘。用濾網撈起後，用流動的水輕輕沖洗掉黏液，瀝乾水分（**a**）。

2 裙帶菜用水泡軟，瀝乾水分。醃蘿蔔切碎。

3 雪白菇切掉根部揉開，放進小鍋裡，蓋上鍋蓋，開較小的中火烹煮。偶爾把鍋蓋掀開攪拌，食材變軟之後，蒸炒至某些部分產生焦黃色之後，放涼。

4 把步驟 **1** 的大麥、步驟 **2** 的裙帶菜和步驟 **3** 的雪白菇、毛豆、玉米放進碗裡，加入A材料拌勻。

享受濃醇口感

高麗菜濃湯

1 人份
159kcal

有著美麗淡綠色的濃醇濃湯，讓人感受到料理者的用心，但事實上，只是把生高麗菜放進攪拌機，然後再加以烹煮而已。是道非常簡單的料理。

材料（2人份）

高麗菜	100 g
白飯	50 g
牛奶	1 又 ½ 杯
水	1 杯
鹽	⅓ 小匙
胡椒	少許

製作方法

1 高麗菜切成2～3 cm方形後，放進攪拌機，加入白飯、水（**a**）一起攪拌，攪拌至變成膏狀。

2 把步驟 **1** 的食材放進鍋裡，開中火烹煮，一邊攪拌，沸騰之後，用小火烹煮2～3分鐘。最後加上牛奶（**b**），再用鹽、胡椒調味。

白飯可以為湯增添些微濃稠感。通常都是使用水煮馬鈴薯，不過，用白飯就可以更快速。

牛奶可以消除高麗菜的草味，同時增添甜味和鮮味。加熱過久也會有分離的現象。

1人份
516kcal

綜合醃菜

豐富蔬菜湯

無油鮮蝦咖哩

不使用油的健康咖哩菜單

主菜 ### 無油鮮蝦咖哩

副菜 ### 綜合醃菜

菜色變化 ➜ 馬鈴薯沙拉（→p.33）
菜色變化 ➜ 菠菜蘋果沙拉（→p.57）
菜色變化 ➜ 醃泡茄子（→p.209）

湯 ### 豐富蔬菜湯

菜色變化 ➜ 花蛤培根高麗菜湯（→p.57）
菜色變化 ➜ 馬鈴薯火腿濃湯（→p.67）
菜色變化 ➜ 青花菜馬鈴薯濃湯（→p.218）

主菜的咖哩當然不使用市售的油糊，當然也不用麵粉、不用油。基本的材料只有蔬菜而已。不僅味道清爽、低熱量，同時還有香辛料的香氣，就算正在減肥，也能夠安心享用。配菜只有低熱量的鮮蝦，藉此充分發揮蔬菜的天然鮮味。主菜是清淡的燴飯風格，所以副菜和湯就盡情運用蔬菜的食材原味吧！色彩鮮豔的醃菜藉由鹽味、酸味和咬勁，在咖哩的口感中增添變化，湯則是有許多配菜的溫蔬菜風。

前置作業時程表

1小時半前	洗米，讓白米泡水
1小時前	開始煮飯
40分鐘前	製作醃菜
30分鐘前	製作咖哩 煮湯
上桌前	完成咖哩

營養加分！

咖哩所使用的咖哩粉或印度什香粉中，混合了許多香辛料。香辛料除了香氣、辣味、色澤之外，還具有促進發汗和食慾、提高肝功能，同時幫助消化等，各種可幫助維持健康的作用。

美味關鍵！

就算無油仍舊美味的理由

這道咖哩料理的基底是蔬菜悶炒。把蔬菜放進平底鍋，在無油的狀態下慢慢加熱，充分引誘出蔬菜本身所擁有的鮮味、甜味、酸味和香氣。鍋蓋裡面的水滴也是蔬菜的水分。要讓蒸氣滴入鍋中，充分利用。這種天然的味道雖沒有清湯或油糊那樣的濃厚，但卻可以直接品嚐到鮮蝦的味道、香辛料的香氣。

飄散香辛料香氣的健康美味

無油鮮蝦咖哩

1 人份
372 kcal

咖哩的味道取決於鹽味、酸味、甜味和香氣。只要在蕃茄的酸味、洋蔥的甜味、芹菜和薑的香氣與辛辣中，加上香辛料和鹽，咖哩的基底便完成了。最後，再加上鮮蝦，增添美味吧！

材料（2人份）

鮮蝦（帶殼無頭）	6尾
蕃茄	½顆
洋蔥	1顆
芹菜	¼根
胡蘿蔔	⅕根
薑	20 g
A ┌ 咖哩粉	1大匙
├ 鹽	1小匙
└ 印度什香粉（照片a）	⅓小匙
水	2杯
白飯	300 g

製作方法

1 鮮蝦去掉外殼、尾巴和沙腸，清洗後，擦掉水分。

2 蕃茄切成大塊。

3 洋蔥、芹菜、胡蘿蔔、薑切末，放進平底鍋，<u>蓋上鍋蓋</u>，用較小的中火烹煮。偶爾掀開鍋蓋攪拌，食材變軟後，<u>持續悶炒至產生香氣，且滲出水分為止</u>。翻炒時要注意火侯，避免食材變焦。

4 把蕃茄（**b**）、水加入步驟**3**的鍋裡煮沸，烹煮5分鐘，直到整體的味道融合後，把鍋子從爐上移開，稍微放涼後，放進攪拌機裡。

5 把步驟**4**的食材倒回平底鍋（**c**），加入A材料煮沸後，<u>放進鮮蝦，快速煮熟</u>（**d**）。把完成的醬料淋在裝盤的白飯上面。

a

印度什香粉是由數十種香辛料混合製成。只要搭配咖哩粉使用，就能製作出正統的風味。

b

蕃茄可以製作出濃郁甜味和酸味。只要和其他蔬菜一起悶炒，就可以有效利用蕃茄的水分。

c

把蔬菜放進攪拌機，打成膏狀，就能為咖哩增添自然濃度。

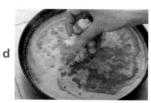

d

鮮蝦如果煮太熟，蝦肉就會變硬，所以要到最後再放入。短時間烹煮就能增添甜味，增加咖哩的濃郁。

一次完成，超方便
綜合醃菜

蕃茄柔嫩、胡蘿蔔充滿咬勁，黃瓜和蘿蔔、芹菜則有著清脆口感。各個蔬菜的醃漬情況和口感各不相同，令人百吃不膩。可在冰箱裡保存2星期，隨著時間改變的味道也深具魅力。

材料（較容易製作的份量）

小蕃茄	4顆
小黃瓜	1根
蘿蔔	100 g
胡蘿蔔	50 g
芹菜	50 g
A 醋	¾杯
砂糖	6大匙
鹽	1大匙
月桂葉	1片
紅辣椒	1條

製作方法

1　小蕃茄去掉蒂頭，<u>用牙籤在數個地方刺孔</u>。小黃瓜、蘿蔔、胡蘿蔔、芹菜切成相同大小的響板切。

2　在碗裡混合A材料，放入步驟 **1** 的蔬菜醃漬（ **a** ）。5分鐘之後就可以吃了，不過，醃漬30分鐘入味後，則會更加美味。

a

只要在醃漬期間偶爾攪拌，入味就會更加均等。

令人無法忘懷的蔬菜料理
豐富蔬菜湯

悶煮大量蔬菜和培根，誘出食材的鮮味和甜味。改變食材本身的味道的鹽量，只要採用少於整體重量的1%左右，就會恰到好處。

材料（2人份）

高麗菜	150 g
洋蔥	50 g
胡蘿蔔	30 g
長蔥	30 g
蕃茄	30 g
培根	1片
鴻禧菇	50 g
水	2杯
鹽※	½小匙
胡椒	少許

※ 鹽的份量為參考值。大約少於全部材料重量的1%左右即可。

製作方法

1　高麗菜、洋蔥、胡蘿蔔、長蔥、蕃茄、培根切成2cm方形。鴻禧菇去掉根部揉開，長度切成一半。

2　把步驟 **1** 的洋蔥放進鍋裡，蓋上鍋蓋，用偏小的中火烹煮。偶爾掀開鍋蓋攪拌，持續悶炒<u>至蔬菜釋出水分且變軟為止</u>（ **a** ）。

3　把水加入鍋裡，沸騰之後，再用鹽、胡椒調味。

a

湯汁的鮮味來自於蔬菜和培根本身的味道。只要慢慢加熱，避免食材焦掉，就可以誘出食材的甜味和鮮味。

蕃茄玉米片湯

1人份
662kcal

醃泡茄子

鮮蝦雜燴飯

前置作業時程表

1小時前	製作醃泡茄子，放涼 蒸煮雜燴飯的鮮蝦
	↓
30分鐘前	開始蒸煮雜燴飯
	↓
10分鐘前	煮湯

營養加分！

醃泡所使用的醋，可以預防食物中毒和高血壓、提升鈣質的吸收、抑制餐後血糖值的上升等，多種備受矚目的功能。同時也能夠促進食慾，只要加在菜單中的其中一道料理裡，就十分足夠了。

濱內千波老師傳授

西餐店般的美味雜燴飯菜單

主菜	**鮮蝦雜燴飯**
副菜	**醃泡茄子**

菜色變化 ➡ 涼拌捲心菜（→p.37）　菜色變化 ➡ 胡蘿蔔柳橙沙拉（→p.89）
菜色變化 ➡ 醃泡紫甘藍（→p.218）

湯	**蕃茄玉米片湯**

菜色變化 ➡ 蕃茄湯（→p.33）　菜色變化 ➡ 萵苣湯（→p.137）
菜色變化 ➡ 豐富蔬菜湯（→p.207）

提升鮮蝦美味的奶油和白酒風味的雜燴飯，有著宛如西餐廳才可品嚐到的美味。絕對是令人欣喜的菜單主角。副菜採用醃泡的蔬菜。酸味和蔬菜的水嫩口感，讓粒粒分明的雜燴飯更容易入口，在嘴裡擴散全新的口感。有著大量蕃茄果肉的濃郁湯品，讓以米飯為主角而略顯單調的菜單，更有飽足感。

可用平底鍋輕鬆製作的西式雜燴飯

鮮蝦雜燴飯

1 人份
494kcal

洋蔥和胡蘿蔔、奶油和紅酒，每一種都是決定西式風味的重要食材。甚至再加上鮮蝦的鮮味，更能讓美味大增。雜燴飯的基本是，在不洗米的情況下，直接翻炒白米。因為白米表面佈滿了油，所以不會產生黏糊。

材料（2～3人份）

米	2米杯
蝦（帶殼去頭）	6尾
白酒	3大匙
洋蔥	¼顆
胡蘿蔔	⅕根
蘑菇（罐頭）	1小罐（85g）
豌豆（冷凍）	50g
奶油	2大匙
鹽	1又¼小匙
胡椒	適量

製作方法

1 鮮蝦去掉蝦殼、蝦尾和沙腸，清洗後，擦乾水分。把鮮蝦放進小鍋，加入白酒，蓋上鍋蓋，用較小的中火悶煮。鮮蝦熟透後，用濾網撈起，把悶煮的湯汁和鮮蝦分開。

2 洋蔥、胡蘿蔔切成略粗的碎末。蘑菇把罐頭湯汁和蘑菇分開。

3 把1大匙奶油溶入平底鍋，放入洋蔥和胡蘿蔔拌炒。食材變軟之後，加入剩下的奶油，放入沒有清洗的白米，進一步拌炒。

4 加入步驟 **1** 的鮮蝦湯汁和步驟 **2** 的蘑菇罐頭湯汁（ **a** ）、熱水360㎖，煮沸之後，放入鹽，蓋上鍋蓋，用小火烹煮15分鐘。關火，悶上10分鐘左右，放入鮮蝦、蘑菇、冷凍的豌豆、胡椒，混合攪拌（ **b** ）。

a

悶煮鮮蝦的湯汁充滿鮮蝦和白酒的鮮味和香氣，蘑菇的罐頭湯汁則要利用甜味和鹽味。

b

蒸煮完成後，充分悶蒸。如果悶蒸的時間不夠，飯會巴在平底鍋上，配菜也不容易混合。

酸甜味和茄子的口感超契合

醃泡茄子

1 人份
100kcal

用調味料蒸煮後，只要一邊讓多餘的水分揮發，一邊冷卻，食材的水分就不會過多，導致味道過淡。就算不使用油，光是靠培根，味道就十分濃郁了。也很適合當下酒菜。

材料（2人份）

茄子	3條
洋蔥	½顆
培根	1片
A ┌ 鹽	⅓小匙
├ 砂糖	1大匙
└ 醋	3大匙

製作方法

1 茄子切成5～6mm厚的片狀，洋蔥切片。培根切成細條。

2 把茄子、培根放進平底鍋，放上洋蔥，淋上A材料（ **a** ），蓋上鍋蓋，開中火烹煮。

3 冒出蒸氣，鍋蓋開始產生水霧後，稍微把火調小，蒸煮3分鐘，蔬菜變軟後，把食材倒入調理盤並攤平，讓水分揮發。

a

醋可以穩定茄子的美麗紫色，防止褪色。同時，可透過加熱，讓刺鼻的氣味更加緩和。

明明是快速料理，卻宛如濃厚的燉蕃茄

蕃茄玉米片湯

1 人份
68kcal

讓蕃茄和水變身成美味湯品的食材就是玉米片。因為玉米片可以吸收水分，增添香氣和濃稠感，讓味道更有層次。蕃茄只要粗略壓碎，保留原有的口感，就能百吃不膩。

材料（2人份）

蕃茄（罐頭）	100g
玉米片	30g
水	1杯
鹽	少許
胡椒	少許
砂糖	少許
橄欖油	適量

製作方法

1 罐頭蕃茄連同罐頭湯汁一起放進鍋裡壓碎，同時加入玉米片（ **a** ）、水，開中火烹煮，一邊攪拌煮沸。

2 試味道後，用鹽、胡椒、砂糖調味。也可以依個人喜好淋上橄欖油。

a

玉米片可以增添湯的濃度和味道。濃度會因玉米片的種類而有所不同，所以要在加鹽之前先試一下味道。

醋漬白菜

1人份
648kcal

牛絞肉羹

雪裡紅炒飯

前置作業時程表

2～3天前	製作醋漬白菜
↓	
2小時前	洗米，讓白米泡水
↓	
1小時半前	開始煮飯
↓	
30分鐘前	準備炒飯的配菜
↓	
20分鐘前	煮湯
↓	
10分鐘前	製作炒飯

營養加分！

在藥膳當中，白菜具有去除體內
多餘水分和熱氣的作用。以鹽漬
或泡菜等醃漬方式食用的，多半
都是蔬菜，但是，要注意避免鹽
分攝取過多。這個副菜的醃漬物
不使用鹽，所以可以安心地大快
朵頤。

小林武志老師傳授

午餐也超速配的炒飯菜單

主菜	**雪裡紅炒飯**

副菜	**醋漬白菜**

菜色變化➔ 涼拌蕪菁蕃茄（→p.47）　菜色變化➔ 薑汁茄子（→p.65）
菜色變化➔ 煎櫛瓜佐芝麻芥末醬（→p.159）

湯	**牛絞肉羹**

菜色變化➔ 豬五花的紅白蘿蔔湯（→p.45）
菜色變化➔ 蛋花湯（→p.47）　菜色變化➔ 中式玉米湯（→p.65）

把簡單製作的炒飯當成主菜，再
搭配2道極為簡單的料理。副菜
的咬勁凸顯出炒飯粒粒分明的口
感，同時，讓濃稠的滑嫩湯品更
加滑潤、順口。醋漬可以用醃漬
物的感覺做成常備菜，湯則是常
見的蛋花湯再加上絞肉。每一種
都是可以馬上上桌的料理，所以
很適合拿來招待臨時來家裡拜訪
的客人。

雪裡紅炒飯

粒粒分明的米粒！

只用雪裡紅和肉鬆調味。利用醃漬的蔬菜甜味、肉的鮮味，引誘出米飯的美味。在一般家庭裡，建議用24～26㎝的平底鍋，加熱各一半份量的食材，這樣就能製作出美味的炒飯。

材料（2～3人份）

白飯（常溫或是溫熱的飯）……………… 400 g
雪裡紅 …………………………………… 90 g
肉鬆（→p.158製作方法 2）…………… 80 g
蛋液 ………………………………… 2顆（小顆）
沙拉油 ……………………………………… 2大匙

製作方法

1 雪裡紅切碎，用紙巾等揪緊，擠乾湯汁。去掉湯汁後的重量約60g左右。

2 把份量各分成一半。把一半份量的沙拉油放進平底鍋加熱，放入一半份量的白飯，把一半份量的蛋液倒入白飯的中央（**a**）。用木勺充分攪拌混合，讓蛋液均勻包裹米飯，一邊揉開飯粒，仔細拌炒，讓米飯粒粒分明（**b**）。

3 加入一半份量的雪裡紅和肉鬆（**c**），充分混合攪拌。剩下的另一半材料也用相同方式製作。

在不先炒雞蛋的情況，讓蛋液包裹著白飯，就能使味道更加醇厚。另外，透過加熱之後，米飯就會變得粒粒分明。

一邊刮掉沾在平底鍋上的雞蛋，耐心地攪拌混合，就是讓米飯粒粒分明的訣竅。

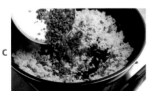

最後是調味。充分擠乾雪裡紅的水分，就不會破壞米飯的口感。

美味加分！ 小林老師的話

只要把蛋液淋在白飯上，一邊仔細混合拌炒，就可以製作出粒粒分明的炒飯，完全不會失敗。因為塗滿蛋液的米粒加熱後，就會變得粒粒分明。尤其請不要有半點掉以輕心，仔細地翻炒。

醋漬白菜

讓口腔變得清爽的味道

有著清脆口感的醃漬物，帶著穀物醋的清爽風味。微甜的白菜加上酸味，有著宛如蘋果般的味道。因為可以存放半年，所以多做點起來備用吧！

材料（容易製作的份量）

白菜（縱切）………………………… ½株
紅辣椒 ………………………………… 1～2條
穀物醋 ………………………………… 適量

製作方法

1 把白菜吊起來，或是攤放在濾網上，風乾半天的時間。

2 白菜變得皺巴巴後，塞入大小適中的容器（非金屬材質）裡，放進紅辣椒，放入淹過食材的穀物醋，鋪上紙巾後，放置在陰涼處。

3 醃漬後，第2天（**a**）就可以切成一口大小上桌。

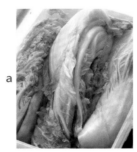

在常溫下，可以存放半年的時間，所以可以趁白菜正美味的冬季，一次多做一點起來備用。

牛絞肉羹

在嘴裡滑嫩擴散的牛肉鮮味

在即將完成的時刻放入絞肉，讓絞肉的鮮味釋放到湯裡面，同時，因為加熱時間很短，所以肉質也會相當軟嫩、多汁。只要再放入大量的香菜和蔥，就能更加美味。

材料（2人份）

牛瘦肉絞肉 ………………………… 120 g
萬能蔥（蔥花）……………………… 1大匙
芫荽（切末）………………………… 1大匙
蛋液 …………………………………… 1顆
雞湯（→p.63）……………………… 3杯
A ｜ 鹽 ………………………………… ½小匙
　 ｜ 胡椒 …………………………… 少許
　 ｜ 酒 ……………………………… 2小匙
　 ｜ 芝麻油 ………………………… 少許
太白粉水 …………………………… 2小匙

製作方法

1 把雞湯放進鍋裡煮沸，放入A材料。混入太白粉水，製作出較濃稠的芡汁。

2 一邊攪拌湯汁，一邊倒入蛋液（**a**），雞蛋凝固之後，加入牛絞肉，一邊用筷子撥開，一邊攪拌（**b**）。

3 肉煮熟之後，加入萬能蔥和芫荽。

用左手攪拌湯，一邊加入細絲蛋液，雞蛋就不會結成整塊，變得鬆軟。

為了品嚐肉質的柔嫩、多汁，絞肉要留到最後再加入。

1人份
892kcal

Choregi沙拉

裙帶菜湯

韓式拌飯

高賢哲老師傳授

大量蔬菜的韓式菜單

主菜	**韓式拌飯**

副菜	**Choregi 沙拉**

菜色變化➡ 簡易小黃瓜泡菜（→p.41）
菜色變化➡ 皮蛋豆腐（→p.154）
菜色變化➡ 鱈子沙拉（→p.175）

湯	**裙帶菜湯**

菜色變化➡ 黃豆芽湯（→p.41）
菜色變化➡ 紫菜芝麻湯（→p.61）
菜色變化➡ 茄子湯（→p.147）

韓式料理中，可連同白飯一起吃到大量蔬菜的主菜菜單。擺放上鮮艷韓式涼拌的韓式拌飯。用芝麻油和韓國海苔風味品嚐大量蔬菜的沙拉。每一種都要在品嚐之前充分混合，才能享受到味道融為一體的美味。雖然只有使用一點肉，但是，光是煮熟的蔬菜、生蔬菜的份量和芝麻油等風味，就能產生充分的飽足感。湯則使用韓國的家常菜・裙帶菜湯。滑溜順口，讓米飯更容易入口。

前置作業時程表

預先處理	煮小丁香魚高湯
	↓
1小時半前	洗米，讓白米泡水
	↓
1小時前	開始煮飯 製作韓式拌飯的韓式涼拌 把裙帶菜泡軟
	↓
10分鐘前	煮湯 準備沙拉
	↓
上桌前	韓式拌飯裝盤 完成沙拉

營養加分！

在這份菜單中，韓國料理中經常使用的芝麻，在3道料理中都有出現。芝麻所含的營養相當豐富，有許多鈣質和鐵質。鈣質除了可強建骨骼和牙齒之外，也是穩定精神所不可欠缺的養分。可預防貧血的鐵質，只要和蛋白質一起攝取，就能更有效吸收。

 美味關鍵！

把韓式涼拌做成主菜和副菜的兩菜一湯！

放在韓式拌飯上的韓式涼拌是，確實調味的食材，也就是所謂的涼拌。也很適合裝盤，製作成單一料理。如果把肉的涼拌和蔬菜的涼拌分開盛裝，製作成主菜和副菜，再搭配上裙帶菜湯和白飯，就可以在希望品嚐輕食的時候，變成令人滿意的兩菜一湯。

以蔬菜為主的華麗主食

韓式拌飯

1人份
723kcal

5種韓式涼拌有著各不相同的味道,分開來吃很美味,但是,只要藉由混合的方式,把味道和口感加以混合,就會格外美味。櫛瓜和茄子適合用來製作用煮的韓式涼拌,黃瓜則適合製作炒的韓式涼拌,所以只要用當季的蔬菜製作就可以了。

製作方法

1 製作韓式涼拌水煮黃豆芽。把黃豆芽放進較小的鍋裡,把水加入至黃豆芽一半的高度,煮沸後,蓋上鍋蓋,悶煮7～8分鐘。用濾網撈起,混入鹽,放涼。擠掉水分,用手依序拌入芝麻油、芝麻(**a**)。

2 製作韓式涼拌水煮菠菜。菠菜在根部切出十字的切痕,泡水5分鐘,用加了鹽的熱水汆燙後,沖水冷卻,擠掉水分,切成長3～4cm。用手依序拌入醬油、芝麻油、芝麻。

3 製作韓式涼拌炒牛肉。平底鍋加熱後,塗上芝麻油,放入牛肉,把肉一邊剝開,一邊熱炒。把混合的A材料加入(**b**),一邊拌炒至湯汁收乾為止。加入辣椒粉、芝麻,快速攪拌。

4 製作韓式涼拌炒胡蘿蔔。胡蘿蔔斜切成片後,切成細絲。平底鍋加熱,抹上芝麻油,放入胡蘿蔔,確實熱炒3～4分鐘,待胡蘿蔔變軟後,撒鹽,進一步翻炒1分鐘(**c**),用手捏碎芝麻,一邊混合攪拌。

5 製作韓式涼拌甜醋蘿蔔。蘿蔔切成細絲,混入1小匙鹽,放置5分鐘,擠乾水分。放入碗裡,用手拌入醋、砂糖,用剩下的鹽調味。撒上芝麻。

6 把溫熱的白飯裝盤,分別把步驟 **1**、**2**、**3**、**4**、**5** 鋪在白飯上面,並且在正中央放上蛋黃。再依個人喜好附上苦椒醬。

材料(2人份)

白飯	2碗
蛋黃	2顆
苦椒醬	適量

韓式涼拌水煮黃豆芽

黃豆芽	100 g
鹽	少許
芝麻油、白芝麻	各1小匙

韓式涼拌水煮菠菜

菠菜	½把
鹽	少許
醬油、芝麻油、白芝麻	各1小匙

韓式涼拌炒牛肉

牛肉片	120 g
蒜頭、薑(磨成泥)	各½瓣
A ┌ 酒、砂糖、醬油	各2小匙
├ 芝麻油	1大匙
└ 辣椒粉※、白芝麻	各1小匙

※ 辣椒粉使用韓國產(中粒)的種類
(→p.162)。

韓式涼拌炒胡蘿蔔

胡蘿蔔	1小根
鹽	少許
芝麻油	1小匙
白芝麻	1大匙

韓式涼拌甜醋蘿蔔

蘿蔔	200 g
醋	2大匙
砂糖	½大匙
鹽	1又⅓小匙
白芝麻	1小匙

用手攪拌,可以讓味道充分深入各部。菠菜和蘿蔔的韓式涼拌同樣也要用手拌勻。

牛肉變色的時候,就是調味的最佳時機。同時要盡快讓湯汁揮發。

加鹽後持續拌炒,就可以誘出胡蘿蔔的鮮味和甜味。

享受清脆口感

Choregi * 沙拉

有了韓式海苔的香氣和濃郁，不管多少生蔬菜都吃得完。沙拉醬就有效利用芝麻油的風味，最後再撒上辣椒粉，鎖住整體的美味，便是這道料理的關鍵。

1 人份
52kcal

材料（2人份）

紅萵苣 ·······················2～3片
小黃瓜 ····························½條
長蔥 ·····························5 cm
韓國海苔 ················（小）3～4片
辣椒粉※1 ··························1 小匙
沙拉醬
白芝麻、醬油、醋 ········ 各½大匙
砂糖·····························½小匙
芝麻油※2 ·························1小匙

※1 辣椒粉使用韓國產（中粒）的種類（→p.162）。
※2 芝麻油依烘焙程度，有無色至濃色的種類，香氣濃度也不同。比較容易使用的是中溫烘焙的種類。

＊ Choregi：此為韓語，意謂韓式鹽漬沙拉。

製作方法

1　紅萵苣撕成容易食用的大小。小黃瓜縱切成對半後，斜切成片。長蔥縱切成細絲。

2　把沙拉醬的材料混合備用。

3　在碗裡快速混合紅萵苣、小黃瓜、蔥，裝盤後，鋪上撕碎的海苔，撒上辣椒粉，最後再淋上沙拉醬，充分混合。

調味關鍵是蒜頭和芝麻油

裙帶菜湯

小魚乾、裙帶菜都是日式湯品中常見的食材，只要用芝麻油拌炒，用蒜頭增添香氣，就可以瞬間變成韓式風味。提味用的紅辣椒也是重要的配角。

1 人份
117kcal

材料（2人份）

裙帶菜（乾燥）·····················5 g
長蔥 ·····························10 cm
蒜頭（磨成泥）·····················1瓣
芝麻油 ····························1大匙
小丁香魚高湯（→p.23）····· 2又½杯
酒 ·······························¼杯
紅辣椒 ····························1條
醬油、白芝麻 ················ 各2小匙
鹽、粗粒黑胡椒·················各適量

製作方法

1　裙帶菜用水泡軟，擠掉水分，切成容易食用的大小。長蔥切成蔥花。

2　芝麻油放入鍋裡加熱，放入裙帶菜、蒜頭，快速拌炒，加入小丁香魚高湯、酒、紅辣椒，煮沸後，烹煮2分鐘。

3　加入醬油、長蔥，用鹽、粗粒黑胡椒調味。起鍋後，撒上芝麻、粗粒黑胡椒。

| 美味加分！ | 高老師的話 |

小魚乾是從小就經常吃的熟悉食材。就像「黃豆芽湯（→p.41）」那樣，湯煮好之後，小魚乾可以直接留在湯裡面，不過，這道湯主要是想品嚐裙帶菜的口感，所以就只使用高湯部分。此外，拌炒裙帶菜和蒜頭也是關鍵。只要這麼一個步驟，就可以增加湯的濃郁，讓湯比一般的烹煮更加美味。

青花菜馬鈴薯濃湯

1人份
866kcal

醃泡紫甘藍

培根蛋麵

前置作業時程表

30分鐘前	製作醃泡紫甘藍
↓	
20分鐘前	製作濃湯
↓	
15分鐘前	開始煮義大利麵
↓	
上桌前	製作培根蛋麵

營養加分！

用來製作醃泡的紫甘藍含有豐富的維他命C。1人份的醃泡，約可攝取到6成左右的1日所需份量。另外，紫甘藍的紫色是名為花青素的色素，具有抗氧化作用，如果加上酸，就會變成紅色，同時不容易破壞，所以建議和醋一起食用。

濱內千波老師傳授

一個平底鍋就能搞定的義大利麵菜單

主菜 培根蛋麵

副菜 醃泡紫甘藍

菜色變化➡ 鮮蝦醃泡沙拉（→p.53）
菜色變化➡ 半熟高麗菜沙拉（→p.93）　菜色變化➡ 普羅旺斯雜燴（→p.181）

湯 青花菜馬鈴薯濃湯

菜色變化➡ 蕃茄湯（→p.33）　菜色變化➡ 香菇濃湯（→p.89）
菜色變化➡ 高麗菜濃湯（→p.203）

十分受歡迎的義大利麵，不管是煮麵，還是醬料，全都靠一個平底鍋就可以搞定。有著雞蛋和起司濃郁以及彈牙口感的奶油色主菜，搭配上華麗裝點餐桌的鮮豔沙拉。酸甜的口感十分對味。湯的材料幾乎只有蔬菜和牛奶，所以有著令人驚訝的清爽口感。可以讓培根蛋麵的濃郁口感更好，讓整份菜單更加協調。

培根蛋麵

1 人份
541 kcal

培根風味滲入的麵，完美包裹上起司的鹽分、奶油和雞蛋的醇厚，享受濃郁的奶味。在獨一無二的煮麵方法中，要隨時檢查烹煮的時間和水量減少的情況，並且注意調整水量，這是相當重要的部分。

材料（2人份）

義大利麵	160 g
水	2杯
鹽	少於½小匙
培根（切條）	2片
A ┌ 雞蛋	2顆
├ 起司粉	2大匙
└ 鮮奶油	2大匙
黑胡椒	1小匙

製作方法

1 平底鍋放入指定份量的水煮沸，加入鹽。義大利麵折成一半放入（**a**），蓋上鍋蓋，開中火烹煮，偶爾攪拌一下。把計時器設定成顯示的烹煮時間。

2 烹煮時間經過一半後，加入培根（**b**）。水分比烹煮時間更快減少的話，就蓋上鍋蓋，把火關小，水量減少緩慢時，就掀開鍋蓋烹煮。

3 在碗裡混合A材料備用。

4 義大利麵變得彈牙，水分全都收乾之後，把平底鍋從爐子上移開，放在濕布上，加入步驟 **3** 的A材料，快速混合攪拌（**c**，**d**）。

5 裝盤，撒上大量的黑胡椒。

a

為了可以放入平底鍋，義大利麵要對折成半。水量就是麵會在烹煮時間中吸收的量。

b

培根的鮮味會溶入湯裡，並且滲入義大利麵，變得更美味。培根的鹽味也具有調味的作用。

c

把各2大匙的起司粉和鮮奶油放進2顆雞蛋內。確實均勻攪拌後，加入義大利麵中。

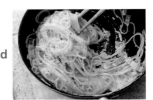

d

雞蛋如果加熱太久就會凝固，所以要把鍋子放在濕布上，使熱度恢復成適溫。趁鍋子還沒有冷掉時，快速混合。

美味加分！

濱內老師的話

用相同份量的豆漿來代替鮮奶油，也可以製作出美味的義大利麵喔！製作方法完全相同。醇厚度、濃郁幾乎都相同，味道則會更加清爽。熱量比鮮奶油更少55kcal！ 這樣一來，就可以安心吃培根蛋麵了。

加入蘋果增添自然甜味

醃泡紫甘藍

紫甘藍清脆、蘋果鬆脆。兩種不同的口感充分契合，產生絕妙的協調口感。紫甘藍比一般的高麗菜更硬，所以可透過切菜方法和預先處理的方式，變得更容易食用。

材料（2人份）

紫甘藍	200 g
蘋果	¼顆
法式沙拉醬（→p.89）	3大匙

製作方法

1 紫甘藍以切斷纖維的方式切絲，放進濾網，淋上熱水（**a**），瀝乾水分。

2 馬上加入法式沙拉醬拌勻，放涼。

3 蘋果在帶皮情況下削成片，加入步驟 **2** 的食材，拌勻。

a

用熱水沖燙的口感，和烹煮的口感完全不同，可以在變得柔軟的同時，保留鮮脆口感，變得更容易食用。

美麗的顏色看起來也很美味

青花菜馬鈴薯濃湯

材料直接放進攪拌機攪拌後，烹煮。製作方法跟味噌湯一樣簡單的濃湯。看起來雖然濃厚，但因為沒有使用粉末或奶油，所以口感相當清爽。

材料（2人份）

青花菜	100 g
馬鈴薯	30 g
培根	½片
牛奶	1又½杯
鹽	¼小匙
胡椒	少許

製作方法

1 青花菜切成小朵，馬鈴薯也切成相同大小。培根切成細條。

2 把步驟 **1** 的食材放進攪拌機，加入牛奶攪拌，待食材變得滑溜後，倒入鍋裡（**a**）。

3 開中火，一邊攪拌，沸騰之後，改用小火，烹煮至產生濃稠感為止。用鹽、胡椒調味。

a

攪拌至呈現膏狀為止。光是青花菜和馬鈴薯，就可以製作出適當的濃稠感。

第5章

野崎洋光主廚親自指導

有備無患的創意集

「口袋裡的副菜名單太少」、「光是製作主菜就煞費苦心了，
根本沒時間處理副菜」、「如果可以做起來備用就好了……」
「分とく山（Buntokuyama）」的野崎洋光主廚可以幫你解決這個煩惱。
在此為大家介紹，可利用周末製作起來備用的料理，
或是可直接上桌的常備菜、下飯的拌飯料等，
讓終日忙碌的職業婦女倍感欣喜的創意料理。

雞肉火腿＋蔬菜湯

利用雞胸肉和通常都會丟棄不用的蔬菜，一次製作出雞肉火腿和作為料理基底的蔬菜湯吧！
用約80℃的溫度烹煮往往會變得乾柴的雞胸肉烹煮雞肉。
確實利用鹽巴，誘出食材的鮮味，同時提高保存性。
雞肉火腿可在冰箱裡存放5天，蔬菜湯可以冷凍，所以只要在週末製作起來，就可以更加便利。

材料

雞胸肉	2片（500 g）
鹽	10 g
水	1 ℓ
淡口醬油	½杯
酒	½杯

蔬菜（全都切成段）

芹菜葉	100 g
洋蔥	100 g
胡蘿蔔	50 g
長蔥	50 g

1 雞胸肉的兩面撒上重量2%的鹽，包上保鮮膜，在冰箱裡放置一晚。

2 把步驟 **1** 雞胸肉的皮剝除，讓雞皮面在內側，卷成筒狀，再用繩子綁起來。另一片也一樣。

3 放進熱水裡，烹煮至表面呈現些微白色後取出，用流動的水沖洗。

4 把步驟 **3** 的雞肉火腿和剝除的雞皮、其他材料放進鍋裡，開中火烹煮，沸騰之後，撈除浮渣。

5 把火關小，用似滾非滾的火侯（約80℃）烹煮20分鐘後，取出雞肉火腿。

6 步驟 **5** 的雞肉火腿放涼後，放進夾鏈袋裡，放進冰箱保存。

7 把烹煮的蔬菜和少量的湯汁放進食物調理機攪拌，再把湯汁放回鍋裡煮沸。

8 步驟 **7** 的湯汁放涼後，分成小包，裝入夾鏈袋，放進冰箱保存。

雞肉火腿切成1.5mm厚的肉片，就可以直接食用。可以附上山葵醬油。或是把一起烹煮的雞皮切絲，和1根搓鹽的小黃瓜一起，用2大匙柚子醋拌勻，撒上芝麻，就可以立即上桌。

1 人份
61kcal

簡單的下酒菜
雞肉火腿夾梅肉

梅肉的酸味、青紫蘇的清爽香氣和雞肉的甜味、鮮味相當匹配。因為本身帶有鹽味，所以可以當成簡單的下酒菜。因為只要夾住食材就可完成，所以在緊急時刻或是前菜的準備上，全都相當方便。

材料（2人份）

雞肉火腿（→p.220）	100 g
梅肉※	2大匙
青紫蘇	6 片

※也可依個人喜好，把梅子果肉壓碎。

製作方法

1　雞肉火腿切片。首先，先切出一道較深的切痕，第二刀再把火腿切斷，切成片。以這種方式，切出6片。

2　分別把1片青紫蘇和1小匙梅肉夾入切痕裡面。

1 人份
107kcal

調味就用專屬於雞肉火腿的日式沙拉
高麗菜和茄子的雞肉火腿沙拉

雞肉火腿和榨菜的鹽味、鮮味，讓大量的蔬菜百吃不膩。只要使用沙拉醬或無油的薑醬油，就是一盤健康的大份量沙拉。

材料（2人份）

雞肉火腿（→p.220）	½ 條
高麗菜（切絲）	100 g
茄子	1 條
蘿蔔（切絲）、貝割菜、白髮蔥絲※	混合100 g
榨菜（瓶裝）	30 g
酒	2大匙
醬油	1大匙
薑（磨成泥）	1小匙

※把長蔥的白色部分切成5cm的長度，切開取出蔥芯，沿著纖維，把蔥切成細絲後，泡水。

製作方法

1　茄子煮軟後，趁熱用濾網夾住，把水分確實瀝乾。榨菜瀝乾水分，切成適當大小。

2　雞肉火腿切片。

3　把酒放進小鍋加熱，或是用微波爐加熱30秒，使酒精揮發。放涼後，混入醬油、薑泥。

4　把步驟 1 的食材和所有的蔬菜裝盤，擺上步驟 2 的雞肉火腿，淋上步驟 3 的醬汁。

	1人份
	47kcal

	1人份
	125kcal

	1人份
	482kcal

清爽入口的方便涼拌

長蔥雞肉火腿
拌蘿蔔泥

簡單的涼拌，只要加上少量的雞肉火腿，就可以增添料理的美味，同時增加飽足感。長蔥要趁熱拌勻。藉此產生香氣。

材料（2人份）

雞肉火腿（→p.220）	50 g
蘿蔔	100 g
長蔥	16 cm
柚子醋	2小匙

製作方法

1 雞肉火腿切成丁塊狀。長蔥切成2cm長，分別在表面切出格子狀的切痕。蘿蔔磨成泥，稍微擠掉水分（擠掉後剩50 g）。

2 把長蔥放在烤網上用直火烤，烤出些微焦黃色後，趁熱和雞肉火腿、蘿蔔泥拌勻。裝盤，淋上柚子醋。

不使用油的健康菜色

照燒雞肉火腿

健康的雞胸肉火腿裹上鹹甜味，和白飯一起搭配。因為雞肉火腿已經煮熟，所以只要利用沾醬，稍微溫熱就可以了。因為是預先調味，所以也很適合當成便當配菜。

材料（2人份）

雞肉火腿（→p.220）	½條
A ┌ 酒	2大匙
├ 味醂	2大匙
└ 醬油	1大匙
生香菇	2朵
青紫蘇（切絲）	3片
青花菜（水煮）	4朵

製作方法

1 雞肉火腿切成8片。生香菇切掉根蒂。

2 把步驟 **1** 的食材和 A 材料放進平底鍋烹煮，一邊滾動，一邊加熱。

3 湯汁收乾，呈現出光澤後，放入青紫蘇，稍微攪拌，裝盤。附上青花菜。

不會失敗的野崎風炒飯

雞肉火腿炒飯

雞肉火腿可以取代叉燒，增添炒飯的濃郁。最後，只要再附上以蔬菜湯2：水1的比例稀釋的湯就行了。

材料（2人份）

白飯	300 g
雞肉火腿（→p.220）	80 g
長蔥	10 cm
生香菇	2朵
雞蛋	2顆
淡口醬油	2小匙
鹽	3 g
胡椒	少量
沙拉油	2大匙

製作方法

1 雞肉火腿切成丁塊狀，長蔥切成略粗的碎末，香菇去掉根蒂，切成末。

2 把沙拉油以外的材料放進碗裡，充分混合。

3 把油放進平底鍋加熱，放入步驟 **2** 的食材，用木鏟把整體揉散，一邊充分混合。接著把裹上蛋液的米粒加熱，使整體變得粒粒分明。待整體變得鬆散後，就可以起鍋。

◎ 蔬菜湯的變化食譜

1 人份
38kcal

可簡單製作的『溫製西班牙凍湯』
蕃茄酸味湯

蕃茄具有豐富的鮮味，而且透過烹煮之後，清爽的酸味就會更加鮮明。尤其夏季時節更是推薦。沒有食慾的時候，也可以靠它來增加元氣。

材料（2人份）
蔬菜湯（→p.220）············1杯
水 ····························½杯
蕃茄 ··························1顆
小黃瓜 ························7cm
薑（切成4×1.5cm的薄片）·····6～8片
醋 ·······················1又⅓大匙
青紫蘇 ························2片

製作方法
1　蕃茄切成梳形切。小黃瓜長度切成一半，縱切成6等分。

2　把青紫蘇之外的所有材料放進鍋裡烹煮，沸騰之後，改用小火烹煮。蕃茄皮剝落，變得柔軟之後，把外皮去除，裝盤後，撒上撕碎的青紫蘇。

1 人份
20kcal

低熱量，又有飽足感
水雲湯

只要溫熱材料就可完成，既簡單又健康的一道湯品。最適合拿來當宵夜，或加熱給補習回家的孩子吃。辛香料就依照個人喜好或季節稍作改變吧！

材料（2人份）
蔬菜湯（→p.220）············1杯
水 ····························½杯
水雲 ··························50g
蘘荷 ··························適量

製作方法
1　蘘荷切片。

2　把蔬菜湯和水放進鍋裡煮沸，放入水雲溫熱。起鍋後，放上蘘荷。

1 人份
61kcal

1個鍋子就可完成的簡單燉煮
粉絲豆腐

利用雞湯製作的蔬菜湯，和豆腐的濃郁一起搭配，透過動物性鮮味和植物性鮮味的相乘效果，讓味道更顯豐富。

材料（2人份）
蔬菜湯（→p.220）············1杯
水 ····························½杯
豆腐 ··························¼塊
生香菇 ························2朵
粉絲（乾燥）····················10g
四季豆 ························4片

製作方法
1　粉絲用剪刀剪成一半。豆腐也切成一半。生香菇去掉根蒂。四季豆汆燙後，切成段備用。

2　把蔬菜湯、水和粉絲放進鍋裡烹煮，沸騰後，放入豆腐和香菇，改用小火，熬煮至沸騰狀態。粉絲變軟之後，就可以起鍋，最後再放上四季豆。

最後放入白飯，製作成雜煮

1 人份
231kcal

雞肉鍋

寒冷季節時，把雞肉火腿當成配菜，蔬菜湯當成高湯，就可以製作出暖呼呼的雞肉鍋。作為主角的雞肉火腿就稍微加熱，享受美味吧！

材料（2人份）

蔬菜湯（→p.220）	2杯
水	1杯
雞肉火腿（→p.220）	1又½杯
裙帶菜（泡軟）	100 g
長蔥（白色部分）	2根
西洋菜	4支
胡椒	適量

製作方法

1 雞肉火腿切成7～8mm寬的片狀。裙帶菜切段。長蔥切成3cm長，準備6段備用，分別斜切出淺切痕。

2 把蔬菜湯和水放進鍋裡煮沸，並放入裙帶菜和長蔥烹煮。長蔥熟透後，倒入砂鍋烹煮，同時，把雞肉火腿和西洋菜加熱至微溫程度即可食用。依個人喜好撒上胡椒。

5分鐘就可搞定的簡單雜煮

1 人份
248kcal

滑菇雜煮

蔬菜的溫和口感，最適合缺乏食慾或回家時間較晚的時候，以及剛補習返家的孩子。滑菇的滑嫩可強烈感受到鮮味，不僅健康，同時也可以滿足餐後的飽足感。

材料（2人份）

蔬菜湯（→p.220）	1又½杯
水	140ml
雞肉火腿（→p.220）	80 g
白飯	200 g
滑菇	100 g
青蔥（蔥花）	少量

製作方法

1 雞肉火腿切成6片。

2 把蔬菜湯和水放進鍋裡，微滾的時候，放入白飯。滑菇放入後，加熱2～3分鐘，起鍋後，放入雞肉火腿和青蔥。

用雞肉火腿代替叉燒

蔬菜麻辣拉麵

1 人份
421kcal

希望可以把拉麵的湯全部喝光⋯⋯為了呼應這樣的需求，而使用蔬菜湯的一道料理。辣油會破壞湯頭的鮮味，所以不採用辣油。

材料（2人份）

蔬菜湯（→p.220）	2杯
水	1杯
雞肉火腿（→p.220）	70 g
中華麵	2球
西洋菜	6根
蒜頭（磨成泥）※	1小匙
豆瓣醬	1小匙

※也可以用韭菜泥。

製作方法

1　雞肉火腿切成6片。

2　把蔬菜湯和水放進鍋裡煮沸，用蒜泥和豆瓣醬調味。

3　把中華麵煮熟，瀝乾水分，放進碗裡。倒入步驟 2 的湯汁，放上雞肉火腿和西洋菜。

口味溫和，也可當成宵夜

蔬菜烏龍

1 人份
305kcal

口感溫和的健康烏龍麵，充滿蔬菜和雞肉的滋味，讓人心靈放鬆的美味。只要冰箱裡有烏龍麵，隨時都可以製作。

材料（2人份）

蔬菜湯（→p.220）	2杯
水	1杯
烏龍麵（冷凍）	2球
生香菇	2朵
長蔥	10 cm
烤海苔（8塊切）	2片

製作方法

1　長蔥切成2.5 cm的長度，分別在表面切出格子狀的淺切痕。香菇去掉根蒂。

2　把蔬菜湯和水放進鍋裡煮沸，放進步驟 1 的食材烹煮。熟透後，把烏龍麵也放入煮軟。起鍋後，裝飾上切對半的烤海苔。

萬能「配料」

「配料」具有幫助消化、防止腐爛、殺菌的效果。

這裡要介紹的是，利用一整年都可以買到的5種配料蔬菜
所組合而成的萬能配料。

只要混合在一起，香氣和口感就會複雜重疊，使鮮味升級，
同時，更能讓烹煮或燒烤的簡單料理，躍身變成高級料理。

使用方法也是萬能。這同時也是「分とく山（Buntokuyama）」隨時備用的萬能配料。

材料

青紫蘇	10片
薑	1瓣
蘘荷	3顆
長蔥（綠色部分）	½根
貝割菜	1包

製作方法

1 青紫蘇切絲。薑去皮切末。蘘荷縱切成對半後，切成小口。長蔥把綠色部分切成蔥花。貝割菜去掉根部，切成2cm長。

2 把步驟 **1** 的食材全放進濾網，浸泡冷水（夏季則採用冰水）5分鐘，充分瀝乾水分。

3 把紙巾鋪放在密封容器，放入步驟 **2** 的食材，放進冰箱保存。雖說可以保存一星期左右，但仍建議盡早使用完畢。

◎ 配料的妙用

用配料製作簡單副菜

雞蛋沙拉佐配料醬

1人份 219kcal

7分熟的半熟水煮蛋。配菜化身成蔬菜，讓濃稠的蛋黃更顯美味。腰果醬料的香氣、甜味也相當對味。

材料（2人份）

雞蛋 …2顆　小黃瓜 …1條　芹菜 …80 g　萬用配料（上述）…20 g　腰果醬料〔腰果 …30 g　醬油 …2大匙　醋 …1大匙黑砂糖 …15 g〕

製作方法

1 製作醬料。醋用微波爐加熱20秒，放涼。腰果用食物調理機打碎，加入醋、醬油、黑砂糖，進一步混合。

2 用沸騰的熱水，烹煮常溫的雞蛋7分鐘。放進水裡，去除熱度，剝殼，切成4等分。

3 小黃瓜切成6cm的長度，用杵搗敲打，使味道更容易入味。芹菜斜切成5mm寬。

4 把步驟 **2** 的雞蛋和步驟 **3** 的小黃瓜放進碗裡，用腰果醬料拌勻，裝盤。鋪上配料。

明明只有蔬菜，卻怎麼都吃不膩

蕃茄拌配料

1人份 60kcal

沐浴在太陽光下，鮮紅的完熟蕃茄。和配料拌在一起後，卻有令人感到驚訝的馥郁鮮味，總是讓人百吃不膩。

材料（2人份）

蕃茄（約100 g大小）…2顆　萬用配料（上述）…50 g　風味醬油〔醬油 …2大匙　醋 …1又 ⅓大匙　鮮榨柳橙汁 …2小匙芝麻油 …1小匙〕

製作方法

1 醋用微波爐加熱20秒，放涼。把風味醬油的所有材料混合備用。

2 蕃茄汆燙去皮，切成一口大小。

3 步驟 **2** 的蕃茄和配料混合後，裝盤，淋上風味醬油。

◎ 配料的妙用

口感絕佳，一口接一口

薯蕷配料卷

1 人份
115kcal

清脆配料和黏稠的薯蕷，有著絕妙的美味口感。加上有效發揮蕃茄和蛋黃鮮味的沾醬，更是讓嘴裡的美味不斷擴散。

材料（2人份）

薯蕷…20 cm　萬用配料（左列）…60 g　蛋黃蕃茄沾醬〔蛋黃…2顆　蕃茄…50 g　薑…30 g　鹽…1小匙〕

製作方法

1　蕃茄去除種籽，薑切末。用食物調理機混合蛋黃蕃茄沾醬的材料備用。

2　薯蕷用切片器削成薄片。差不多是厚度1.3mm、寬度3 cm、長度20 cm。一共準備6片。

3　分別用步驟 2 的長條薯蕷卷起10 g 的配料，裝盤，附上蛋黃蕃茄沾醬。

配料蘿蔔泥誘出鮮蝦的甜味

水煮鮮蝦
拌配料蘿蔔泥

1 人份
95kcal

鮮蝦如果煮太熟，鮮味就會流失。半熟的鮮蝦才能充分發揮出鮮蝦本身的甜味和柔嫩。清爽的配料和蘿蔔泥、梅醬相當匹配。

材料（2人份）

鮮蝦（帶殼無頭）…6尾　蘿蔔泥…120 g　萬用配料（左列）…30 g　梅醬〔用菜刀敲碎的梅乾果肉…1大匙　醬油…1大匙　酒…2大匙〕

製作方法

1　酒用微波爐加熱20秒，放涼。梅醬的所有材料混合備用。

2　鮮蝦去殼、去掉沙腸後，從蝦背入刀，切成兩半。用熱水快速汆燙後，沖冷水，去除熱度。

3　混合步驟 2 的鮮蝦和蘿蔔泥、配料後，裝盤，附上梅醬。

可以宴客，也可以當下酒菜

鯛魚生魚片
配料卷

1 人份
109kcal

用高級的鯛魚包裹配料，隱約透出鮮艷綠色的創意生魚片。生魚片盡可能採用薄切。也可以使用比目魚等白肉魚。

材料（2人份）

鯛魚（生魚片用魚塊）…100 g　萬用配料（左列）…50 g　柚子醋醬油…適量

製作方法

1　鯛魚削成薄片。

2　捲起配料，以接縫處朝下的方式裝盤，附上柚子醬油。

鮮味和鹽味滿足咀嚼感受

豬肉片和鹽漬茄
子拌配料

1 人份
240kcal

正因為是低溫烹煮、多汁又充滿鮮味的豬肉片，所以只要搭配榨菜和鹽漬茄子就十分足夠了。入口之後，配料的香氣給予清爽口感。

材料（4人份）

豬五花肉片…200 g　茄子…4條　榨菜（罐頭）…50 g　薑…50 g　萬用配料（左列）…60 g　鹽…適量

製作方法

1　豬五花肉片用80℃左右的熱水汆燙30秒，浸泡一下冷水，瀝乾水分。

2　茄子切成半月形，稍微搓鹽，產生水分之後，稍微擠乾。

3　榨菜切碎，薑切成4 cm長的火柴棒尺寸。

4　步驟 1 的肉片裝盤，依序把步驟 3 的薑、榨菜、步驟 2 的茄子裝盤，撒上配料。

常備菜、拌飯料、佃煮、醃漬物

常備菜

用牛肉提升飽足感

全量共 706kcal

炒蘿蔔乾

蘿蔔乾的魅力是，風乾濃縮的蘿蔔甜味和香氣。使用較多的牛五花肉，就會更有小菜的樣貌。牛肉的鮮味會形成高湯，所以只要直接加入水和昆布就可以簡單完成。用冰箱保存後，脂肪就會凝固，所以要重新加熱後再食用。

材料（較容易製作的份量）
蘿蔔乾（乾燥）…30㎝　胡蘿蔔…30g　牛五花肉片…100g　沙拉油…1大匙　水…½杯　醬油、味醂…各1又⅓大匙砂糖…1大匙　昆布…5㎝方形　長蔥（綠色部分）…1根　白芝麻…適量

製作方法

1　蘿蔔乾用水泡軟，切成容易食用的長度。胡蘿蔔切絲。牛五花肉片切成3㎝寬。

2　步驟 1 的蘿蔔乾快速汆燙後，擠乾水分。接著，牛五花肉片汆燙至表面呈現白色為止。

3　沙拉油用鍋子加熱後，放進步驟 2 的食材和胡蘿蔔一起拌炒，加入水、醬油、味醂、砂糖、昆布烹煮。沸騰後，加入長蔥，湯汁減少之後，加入牛五花肉，持續拌炒，讓食材裹上湯汁。去除長蔥。

4　裝盤，撒上白芝麻。

也很適合當成便當的配菜

全量共 2145kcal

牛肉時雨煮

以前就經常在餐桌上出現的牛肉時雨煮。野崎老師認為能夠確實品嚐到牛肉鮮味，而且咬勁十足的，才是最理想的牛肉時雨煮。因此，關鍵就是不要烹煮過久。在中途把牛肉撈起，在湯汁即將收乾的時候，再放回鍋裡，裹上湯汁。

材料（較容易製作的份量）
牛五花薄切肉片…500g　薑…20g　湯汁〔酒…1又¼杯水…1又¼杯　砂糖…5大匙　味醂…½杯　醬油…½杯〕澱粉糖漿…5大匙

製作方法

1　牛肉切成3㎝寬，用熱水汆燙，沖冷水，瀝乾水分。

2　薑切絲，用水清洗後，把水分瀝乾備用。

3　把湯汁材料放進鍋裡烹煮，沸騰之後，加入牛肉，快速煮熟。馬上用濾網把牛肉撈起，把剩餘的湯汁收乾。

4　湯汁減少一半以上，泡沫變大之後，放回步驟 3 的牛肉，裹上湯汁，並加入薑攪拌。最後加入澱粉糖漿，讓整體充分混合。

不管是製作起來備用的料理，或是馬上就可以上桌的料理，全都是美味菜單的最佳夥伴。
對日本餐桌來說，這些全都是非常傳統的小菜，不過，這裡則要介紹符合現代餐桌的味道及作法。

快速產生的香氣別具魅力

牛蒡絲

全量共
346kcal

以酒3：砂糖2：醬油1的比例製作出的牛蒡絲，是最具代表性的甜味乾炒家常菜。利用比一般家庭略粗且厚的牛蒡片，強調牛蒡的風味和咬勁吧！也可以用土當歸的皮或蜂斗菜來取代牛蒡，以相同的方法製作，同樣也會相當美味唷！

材料（較容易製作的份量）

牛蒡…100 g　胡蘿蔔…20 g　長蔥（綠色部分）…少許　調味料〔酒…3大匙　砂糖…2大匙　醬油…1大匙〕沙拉油…1大匙　白芝麻…少許

製作方法

1　牛蒡用鬃刷把皮搓洗乾淨。縱切出細小的切痕，把前端抵住砧板，以宛如削鉛筆般的方式，一邊轉動牛蒡，一邊連皮削出厚片。胡蘿蔔切成細條，長蔥切段。

2　把沙拉油放進平底鍋（如果可以，建議用中華鍋）加熱，拌炒牛蒡、胡蘿蔔、長蔥。宛如築起堤防般，往周圍擴散。

3　混合調味料，把調味料倒入鍋子的中央，煮沸。混入周圍的蔬菜，煮沸後，再次把蔬菜往周圍攤開，偶爾轉動鍋子，讓蔬菜沾滿湯汁。

4　水分變少，出現較大的泡沫後，再次混合攪拌，去掉長蔥後，裝盤，撒上芝麻。

海藻不足時的一道

煮羊栖菜

全量共
280kcal

羊栖菜是製成小菜的代表性海藻。用油拌炒後，就可以增添濃郁，鮮味也不會流失。因為還要加入鮮味豐富的日式豆皮，所以不需要高湯。羊栖菜建議採用羊栖菜芽，味道會更加溫和。

材料（較容易製作的份量）

羊栖菜芽（乾燥）…15～20 g　日式豆皮…½片　胡蘿蔔…25 g　湯汁〔水…70 mℓ　醬油、味醂…各1又⅔大匙　砂糖…½大匙〕沙拉油…1大匙

製作方法

1　羊栖菜芽用溫水泡軟，去除沙子和灰塵後，快速汆燙，擠乾水分。使用100 g 的份量。

2　日式豆皮用熱水汆燙去油，縱切成對半後，切成細條。胡蘿蔔也切成細條。

3　把沙拉油放進鍋裡加熱，放進羊栖菜芽拌炒，混入日式豆皮、胡蘿蔔拌炒。食材全裹上油之後，加入湯汁的材料，蓋上紙巾，用微滾的火侯（70～80℃左右）烹煮。

拌飯料

青菜拌飯料

全量共
151kcal

材料（較容易製作的份量）

日本油菜 …………………………………… 100 g
白芝麻 ……………………………………… 1大匙
淡口醬油 …………………………………… 1小匙
芝麻油 ……………………………………… 2小匙

製作方法

1 日本油菜烹煮後，切成碎末。

2 把步驟 **1** 的日本油菜攤放在耐熱盤中，<u>不要覆蓋保鮮膜</u>，用微波爐加熱3分鐘，<u>讓水分完全揮發</u>。

3 芝麻油放進平底鍋加熱，放入步驟 **2** 的日本油菜拌炒，裹上油之後，混入淡口醬油、白芝麻。

OKINA 拌飯料

全量共
141kcal

材料（較容易製作的份量）

薯蕷昆布 …………………………………… 10 g
柴魚片 ………………………………………… 5 g
白芝麻 ……………………………………… 20 g
淡口醬油 …………………………………… 1小匙

製作方法

1 薯蕷昆布、柴魚片、白芝麻，一起用平底鍋乾炒。

2 薯蕷昆布的<u>水分完全揮發後</u>，淋上淡口醬油，加以混合，增添香氣。

鮭魚拌飯料

全量共
294kcal

材料（較容易製作的份量）

甘鹽鮭（魚塊）……………………………… 100 g
柴魚片 ………………………………………… 5 g
烤海苔 ……………………………………… ½ 片
白芝麻 ……………………………………… 1大匙
醬油 ………………………………………… 1小匙
沙拉油 ……………………………………… 2小匙

製作方法

1 甘鹽鮭烤過之後，<u>粗略地揉碎</u>。烤海苔撕成小塊。

2 沙拉油放進平底鍋加熱，放入步驟 **1** 的甘鹽鮭拌炒，讓食材裹滿油。最後混入醬油。加入柴魚片、烤海苔、白芝麻混合。

鱈子拌飯料

全量共
235kcal

材料（較容易製作的份量）

鱈子 ………………………………………… 100 g
烤海苔（整片）……………………………… 1 片
酒 …………………………………………… 1大匙
沙拉油 ……………………………………… 2小匙

製作方法

1 鱈子在<u>外皮上切出刀痕</u>，放在耐熱盤上，用微波爐加熱2分鐘之後，揉散。烤海苔撕成小塊。

2 沙拉油放進平底鍋加熱，放入步驟 **1** 的鱈子拌炒，讓食材裹滿油。淋入酒，進一步拌炒，<u>湯汁完全收乾後</u>，混入烤海苔。

佃煮

昆布佃煮

全量共
467kcal

材料（較容易製作的份量）

烹煮高湯後的昆布	200 g
醬油	80 ㎖
味醂	½杯
溜醬油	1 大匙
水	3 杯

製作方法

1 昆布切成 2 ㎝方形，放進鍋裡，加入指定份量的水，烹煮至昆布變軟為止。

2 加入醬油、味醂，進一步烹煮。

3 湯汁收乾後，加入溜醬油，烹煮入味（如果有澱粉糖漿，就一起加入）。

小魚山椒

全量共
138kcal

材料（較容易製作的份量）

小魚乾	30 g
山椒醬油煮（瓶裝）	2 小匙
酒	4 大匙
醬油	1 大匙
味醂	1 小匙

製作方法

1 把酒、醬油、味醂放進小鍋裡煮沸。

2 加入小魚乾，烹煮至湯汁收乾。最後再混入山椒醬油煮。

香菇昆布

全量共
261kcal

材料（較容易製作的份量）

烹煮高湯後的小丁香魚	20 g
昆布	8 ㎝方形
生香菇	4 朵
長蔥	1 又 ½ 根
味噌	30 g
沙拉油	2 小匙

製作方法

1 小丁香魚和昆布一起放進食物調理機攪拌。生香菇去掉根蒂，切成 1 ㎝丁塊狀，長蔥切末。

2 沙拉油放進平底鍋加熱，把步驟 1 的所有食材放進拌炒，食材全裹滿油後，裹上味噌。

紫蘇味噌

全量共
172kcal

材料（較容易製作的份量）

分蔥	100 g
紅味噌	30 g
味噌（信州味噌等個人喜好的口味）	30 g
沙拉油	2 小匙

製作方法

1 分蔥切成 3 ㎝長。

2 沙拉油放進平底鍋加熱，放入分蔥拌炒。分蔥裹上油之後，把紅味噌掐碎加入，同時加入味噌，使食材裹滿味噌。

1 人份
110kcal

糠漬風格的優格味噌漬

每天都要攪拌醃料的糠漬實在很麻煩……這道料理可以解決這樣的煩惱。只要用味噌3：優格1的比例混合，只要浸漬4小時就十分足夠了。醃料可以使用2次。醃料因蔬菜的水分而變稀之後，可以拿來製作成味噌湯。因為有食材的鮮味，所以只需要溶入湯裡，就可以散發出隱約的發酵風味。

材料（2人份）

小黃瓜、胡蘿蔔	各1根
茄子	1條
薯蕷	8 cm丁塊
牛蒡	10 cm
鹽	適量
醃料※	
味噌	300 g
原味優格	100 g
昆布	5 cm方形

只要恪守味噌醃料的材料比例，就算只有少量，仍可以製作。醃漬的塑膠袋也不會占冰箱空間，隨時都可以製作。

a

製作方法

1 撒上蔬菜類總重量2%的鹽，放置10分鐘，進一步抹上鹽，用手搓揉。用水清洗後，沾一下70～80℃的熱水，擦乾蔬菜的水分。

2 把味噌和優格充分混合，加入昆布，放入可密封的塑膠袋或食品保存袋（**a**）。

3 把步驟 **1** 的食材埋入步驟 **2** 的醃料中，用放了水的碗等容器作為壓板，在室溫下放置4小時。

4 取出蔬菜和昆布，切成容易食用的大小，裝盤。

小黃瓜的簡易粕漬

1 人份
140kcal

材料（容易製作的份量）

小黃瓜 … 1根　酒粕※ … 100 g　味噌 … 15 g　鹽 … 適量
※酒粕不使用板粕，要使用保留鮮味的粕醬。

製作方法

1 小黃瓜抹鹽，用手搓揉，進一步抹上小黃瓜重量3～5%的鹽量，在冰箱放置1天。

2 清洗後，把水分擦乾，切成容易食用的大小。

3 把酒粕和味噌充分混合，和步驟 **2** 的小黃瓜拌勻。

簡易淺漬

材料（容易製作的份量）

蕪菁（帶葉）…3顆
小黃瓜…2條　胡蘿蔔…
50g　鹽…1大匙　鹽水
〔水…250ml　鹽…2.5g
昆布…5cm方形〕

製作方法

1 蕪菁帶皮縱切成對半，
切成厚度3mm的片狀。葉子
切成小口切。小黃瓜斜切
成厚3mm的片狀，胡蘿蔔切成細絲。

2 把步驟 **1** 的食材放進碗裡，撒鹽，放置5分鐘後，搓揉
一下，放置20～30分鐘。擠掉水分，放進濾網，在80℃的
熱水裡浸泡10秒，泡水。

3 昆布在指定份量的水裡放置15分鐘，加入鹽，煮沸後，
放涼。

4 把步驟 **2** 的食材水分擠入步驟 **3** 的鍋裡，用放了水的碗
等容器作為壓板，放置30分鐘。擠掉湯汁後，裝盤。

鹽漬茄子

材料（2人份）

茄子…2條　蘘荷…2個
薑…20g　青紫蘇…5片
鹽…½小匙

製作方法

1 茄子縱切成對半後，斜
切。蘘荷縱切成對半後，
切成小口切。薑和青紫蘇
切絲。

2 把茄子、蘘荷、薑放進
塑膠袋，加入鹽，從袋子外搓揉。

3 把釋出的水分丟棄，放置30分鐘，混入青紫蘇。

芹菜的阿茶蘭漬

材料（2人份）

芹菜…50g　薑…30g
紅辣椒…1條　醃漬料
〔水…80ml　醋…80ml　砂
糖…2大匙　鹽…少許〕

製作方法

1 芹菜切成4cm長的便籤
切，薑切片。一起放進濾
網，連同濾網一起在熱水
中浸泡，瀝乾水分。

2 把醃漬料的材料放進小鍋煮沸，放涼。

3 把步驟 **1** 的食材和紅辣椒放進步驟 **1** 的醃漬料，醃漬
30分鐘。

淺漬高麗菜

材料（2人份）

高麗菜…200g　櫻桃蘿
蔔…3顆　青紫蘇…10片
鹽…½小匙

製作方法

1 高麗菜切成一口大小，
櫻桃蘿蔔切片。青紫蘇切
絲。

2 把高麗菜和櫻桃蘿蔔放
進塑膠袋，加入鹽，從袋
子外面搓揉。

3 倒掉釋出的水分，放置30分鐘後，混入青紫蘇。

材料類別索引

234

料理類別索引

廚師簡介

松本忠子（Matumoto Atuko）
照顧家庭50年以上，養育三個孩子所經年累積的廚藝深得人心，在NHK「今日的料理」及主婦雜誌等相當活躍。對日本國內的優質食材相當了解，在本書中介紹高湯食材及日式豆皮等食材。

濱內千波（Hamauchi Chinami）
以平明易解的理論，解說美味料理的訣竅，在電視與書籍上相當活躍的知名料理研究家。對有益身體的低熱量，且任何人都有辦法製作出的美味食譜深受好評。同時也有多本著作。

野崎洋光（Nozaki Hiromitu）
東京・南麻布的日本料理店「分とく山（Buntokuyama）」的主廚。提倡家庭料理的重要性，介紹許多在家裡可輕鬆製作的食譜，以溫柔的口吻和淺顯易懂的說明，在電視及雜誌上相當受到歡迎。
分とく山（Buntokuyama）03-5789-3838

菱沼孝之（Hisinuma Takayuki）
東京・飯倉的日本料理店「菱沼」的主廚。運用新鮮且優質的食材，持續創作適合搭配紅酒的日本料理。同時也在店裡召開料理教室，傳授可以在家裡製作的專業技術。
菱沼　03-3568-6588

小林武志（Kobayasi Takesi）
位於東京・三田的中國料理店「桃木」的主廚。手藝遍佈北京、上海、四川、廣東，其質樸、淬鍊且深具層次的料理，在餐飲界也深受好評。
桃木 03-5443-1309

高賢哲
以韓國家庭料理為主，在雜誌及書籍上大放異彩的知名料理研究家。持續創作出簡單且美味的料理，以及善用食材的健康料理。其母親李映林、姊姊高靜子也同樣是料理研究家。

TITLE

「二菜一湯」幸福餐桌

STAFF

出版	瑞昇文化事業股份有限公司
作者	松本忠子、濱內千波、野崎洋光、菱沼孝之、小林武志、高賢哲
譯者	羅淑慧
總編輯	郭湘齡
責任編輯	黃思婷
文字編輯	黃美玉　莊薇熙
美術編輯	謝彥如
排版	執筆者設計工作室
製版	昇昇興業股份有限公司
印刷	桂林彩色印刷股份有限公司
法律顧問	經兆國際法律事務所　黃沛聲律師
戶名	瑞昇文化事業股份有限公司
劃撥帳號	19598343
地址	新北市中和區景平路464巷2弄1-4號
電話	(02)2945-3191
傳真	(02)2945-3190
網址	www.rising-books.com.tw
Mail	deepblue@rising-books.com.tw
本版日期	2017年8月
定價	400元

ORIGINAL JAPANESE EDITION STAFF

撮影／
青山紀子　p.22下、23下、27、30～42、44～45、48～57、66～67、72～81、86～97、134～137、152～154、160～163、168～171、180～184、194～209、212～218、浜内先生顔写真、コウ先生顔写真
高橋栄一　p.10～21、43、156～159、210～211、220～225、232上、小林先生顔写真、野崎先生顔写真
南雲保夫　p.23上、26、28～29、46～47、58～65、82～85、98～104、106～115、120～133、138～151、164～167、172～179、186～193、松本先生顔写真、菱沼先生顔写真
写真／天方晴子　p.226～227
高橋栄一　p.229
湯淺哲夫　p.22上、68～71、116～119、228、230～231、232下、233

國家圖書館出版品預行編目資料

「二菜一湯」幸福餐桌 / 松本忠子等作；羅淑慧譯. -- 初版. -- 新北市：瑞昇文化，2016.02
240　面；18.8 x 25.7　公分
ISBN 978-986-401-079-0(平裝)

1.食譜

427.1　　　　　　　　　　　　　　105000335